다낭
DA NANG

호이안

후에

미썬

바나 힐

안혜연 지음

RHK
알에이치코리아

prologue

단지 좋아서 떠난 서툰 여행들이 모이고 모여 삶의 많은 것들을 바꾸어 놓았습니다. 지극히 평범한 일상으로 살던 직장인을 내려놓고 조금은 위태로워 보이는 프리랜서, 여행작가의 길을 택한 지 수년이 지났네요. 두둑한 통장 잔고보다 자유로운 공기에 취해 보내는 시간을 더 흡족해하는 사람이 되었어요. 수백 억대 부자가 될 수 없을 바에야 추억 부자라도 되어야겠다고 다짐했거든요. 바람 노래에 귀 기울이고 푹신한 구름 이불 덮으며 지내는 나날들을 사랑합니다.

언제든지 마음을 따라 떠날 수 있어서, 발길 닿는 대로 걸을 수 있어서 감사한 마음이에요. 글밥 먹고사는 게 때때로 버겁게 느껴지지만 아직은 그럭저럭 잘 버티고 있습니다. 제주, 태국 방콕, 일본 후쿠오카 등에 이어 벌써 일곱 번째 책 작업이에요. 깨물어서 아프지 않은 손가락이 없듯이 제겐 하나같이 사랑스러운 책들인데요. 〈다낭 100배 즐기기〉는 더욱 특별하게 다가옵니다. 취재와 집필, 편집과 교정의 모든 과정이 이토록 매끄럽게 흐른 작업, 아주 오랜만이거든요.

책을 만드는 건 큰 산을 넘는 것과 다르지 않아요. 해도 해도 끝이 없고 가끔은 힘에 부쳐 두 손 두 발 다 들고 싶은 심정이 되고 말죠. 끊임없는 고민과 선택의 연속입니다. 기획 방향을 어떻게 정할지, 글의 톤은 어찌할지, 책의 크기와 종이 질은 어떤 걸 고르면 좋을지, 굵직한 틀을 잡는 것부터 선 하나, 단어 하나를 넣고 빼는 시시콜콜한 디테일까지. 편집자와 저자 사이에 의견 차이가 생기는 건 너무나 당연한 일인데요. 최혜진 편집자, 강소정 디자이너와의 찰떡 호흡으로 불필요한 감정 소모 없이 일이 술술 풀렸던 것 같아요.

노련하고 감각적인 편집자와의 일은 언제나 달갑고 유쾌합니다. 원활한 소통은 물론 트렌디한 소재를 발견하는 센스, 집요하다 싶을 만큼의 꼼꼼함과 적절한 마케팅 능력까지 두루 갖춘 대단한 그녀! 이 책은 제 이름 석 자가 찍혀 나온 책이기도 하지만, 저만큼이나 책에 남다른 애정을 품고 있는 최혜진 편집자의 책이기도 해요. 보이지 않는 곳에서, 오늘도 열심히 책 만드는 일에 여념 없는 그녀에게 뜨거운 박수를 보냅니다. 아주 열렬히!

고마워요. 덕분에 정말 즐겁게 일했어요. 책을 만드는 과정에서 느꼈던 우리들의 행복감이 독자 여러분께도 가닿았으면 하고 바라봅니다.

지은이

안혜연

때때로 여행하고 때때로 일하며, 글 써서 입에 풀칠하고 산다.
없는 형편이지만 가까스로 쥐어짜서 매년 두 달, 세 달씩 긴 여행을 떠난다.
수백 억대 부자가 될 수 없을 바에야 추억 부자라도 되어야겠다고 굳게 다짐했다.
삶을 살아내는 게 아니라, 좋아하는 일을 하며 살아가고 있다는 사실에 감사 또 감사.

저서 〈버스타고 제주여행〉 〈버스타고 주말여행〉 〈이지시티방콕〉 〈트립풀 후쿠오카〉
에세이 〈당신의 일상은 안녕한가요〉

인스타그램 @hyeyeonahn

일러두기

이 책에 실린 정보는 2019년 1월까지 이루어진 정보 수집을 바탕으로 합니다. 정확한 정보를 싣고자 노력했지만, 끊임없이 변하는 현지의 물가와 여행 정보에 변동 사항이 있을 수 있습니다. 도서를 이용하면서 불편한 점이나 틀린 정보에 대한 의견은 아래 메일로 제보 부탁드립니다.

저자 안혜연 parangusl_@naver.com
편집 알에이치코리아 여행콘텐츠팀 hjchoi@rhk.co.kr

맵북 보는 방법 🔍

본문에 소개한 명소의 위치를 맵북에서 찾을 수 있습니다. 만약, 'MAP BOOK 6ⓓ'라고 적혀 있다면, 별책으로 제공하는 맵북 6페이지 'D' 구역에 해당 명소가 위치한다는 의미입니다. 더불어 구글맵에 해당 스폿을 검색할 때는 베트남 주소보다는 상호명으로 검색하는 것이 훨씬 정확한 편입니다.

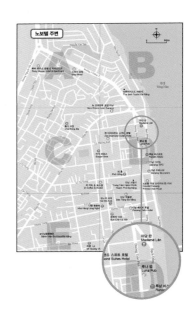

🏛 명소	🎉 나이트라이프	🏠 리조트 & 호텔
🍴 맛집	⊕ 쇼핑	✈ 공항
☕ 카페	💆 마사지 & 스파	● 기점 표시

본문 보는 방법 🔍

❶ 지역 · 카테고리 구분

지역 파트를 다낭, 호이안, 후에로 나누어 소개합니다. 시내와 다소 떨어진 해변 등에 위치한 경우 위치 표시를 별도로 하였습니다. 스폿 정보는 명소, 맛집, 카페, 나이트라이프, 쇼핑, 마사지 & 스파, 리조트 & 호텔로 카테고리를 나누어 소개합니다.

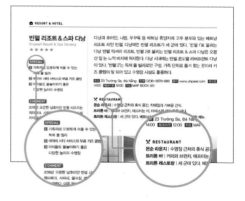

❷ 스폿 소개 특 · 장점

본문에 소개된 모든 스폿은 저자가 직접 취재하고 확인한 정보를 싣는 것을 원칙으로 했습니다. 특히 마사지 숍은 추천 마사지, 소요 시간, 가격, 예약 방법을 별도 표기하여 실용적인 정보를 전달합니다. 숙소 또한 특전 사항을 'SPECIAL'에, 참고할 만한 조언을 'COMMENT'에 담았으며, 호텔 소속 레스토랑을 'RESTAURANT'로 별도 구성하여 여행자의 선택을 돕습니다.

> **표기 원칙** | 베트남어를 한글로 옮길 때는 현지에서 주로 쓰는 발음을 우선으로 했습니다. 상호명은 정보 찾기가 용이하도록 여행자들에게 주로 통용되는 익숙한 이름으로 표기했습니다.

Contents

PART 1
인사이드 INSIDE

PART 2
교통 TRANSPORTATION

PART 3
다낭 ĐÀ NẴNG

📷 SIGHTSEEING

🍴 RESTAURANT

☕ CAFE

🎭 NIGHTLIFE

🛒 SHOPPING

♨ MASSAGE & SPA

🏠 RESORT & HOTEL

- 📷 SIGHTSEEING
- 🍴 RESTAURANT
- ☕ CAFE
- 🍸 NIGHTLIFE
- 🛒 SHOPPING
- ♨ MASSAGE & SPA
- 🏠 RESORT & HOTEL

PART 5
후에 HUÉ

PART 6
여행 준비 PREPARATION

슬쩍 읽어도 술술 읽히는 다낭 기본 정보

Information

이미 알고 있는 내용이라도 여행에 앞서 미리 복습해두면
낯선 여행지 베트남을 더욱 알차고 깊게 여행할 수 있다.

언어 베트남어

베트남어가 공용어다.

국명 베트남

정식 명칭은 베트남 사회주의 공
화국. 영어 Socialist Republic of
Vietnam, 베트남어 Cộng hòa Xã
hội chủ nghĩa Việt Nam.

시차 2시간

2시간 늦다. 서울이 오후 3시일 때
베트남은 오후 1시.

통화 동 (VND)

Đồng 동. VND으로 표기한다. 50만
동, 10만 동, 5만 동, 2만 동, 1만 동이
흔히 쓰이며 5천 동, 2천 동, 1천 동
역시 지폐로 발행한다. 동전은 없다.
지폐 속의 인물은 호치민으로 공산
주의 혁명가이자 독립운동가, 정치
인이다.

기후 열대 몬순

북부는 아열대성 기후. 남부는 열대
몬순 기후.

전압 220V

220V. 한국과 같다.

면적 **1,283㎢.**

베트남 전체 면적은 330,966㎢로 한 반도의 약 1.5배다. 다낭시의 면적은 1,283㎢.

국기 **금성홍기**

빨간색 바탕에 노란색 별 모양이 담겼다. 빨강은 혁명의 피와 조국의 정신을, 별의 5개 모서리는 노동자, 농민, 지식인, 청년, 군인의 단결을 나타낸다.

📍 다낭

종교 **불교 외**

불교, 가톨릭, 까오다이교(불교, 유교, 도교, 토착 신앙 등이 혼합된 종교) 등.

교통 **택시 중심**

현지인들은 본인 소유의 오토바이를 주로 탄다. 버스가 있긴 하지만 날씨, 배차 간격 등이 걸림돌로 작용해 여행자는 대다수가 택시 또는 그랩 이용.

비행 **4시간 40분**

인천국제공항 ICN 출발, 다낭국제공항 DAD 도착 직항 기준. 약 4시간 40분 소요된다.

여행 전에 미리 체크! 다낭 · 호이안 날씨

Weather

여행을 떠나기 전 가장 궁금한 것 중 하나, 날씨다.
월별 기온을 확인하고 적절한 옷차림을 선택하는 게 관건!

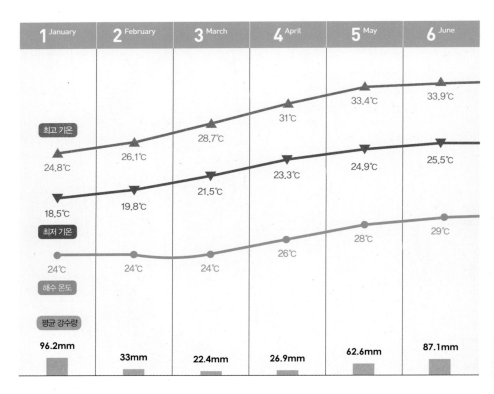

	1 January	2 February	3 March	4 April	5 May	6 June
최고 기온	24.8℃	26.1℃	28.7℃	31℃	33.4℃	33.9℃
최저 기온	18.5℃	19.8℃	21.5℃	23.3℃	24.9℃	25.5℃
해수 온도	24℃	24℃	24℃	26℃	28℃	29℃
평균 강수량	96.2mm	33mm	22.4mm	26.9mm	62.6mm	87.1mm

1~2월

1월은 연중 기온이 가장 낮은 달로 수상 스포츠와 수영에는 적합하지 않다. 얇고 가벼운 긴 팔이 어울리는 계절. 2월부터는 우기가 끝나고 건기로 접어들면서 강수량이 확 줄어든다. 시원하고 건조해 쾌적한 날씨. 더운 게 질색이라면 오히려 한여름보다 이 시기가 나을 수도.

3~5월

건기여서 야외 활동에 적합하다. 슬슬 기온이 오르기 시작한다. 해수 온도도 높아져 해수욕하기 더없이 좋은 조건. 한낮의 기온이 30℃를 넘기며 이른 아침에도 수영을 즐길 수 있다. 외출 시 자외선 차단제 필수! 다낭 여행 떠나기 가장 좋은 시기로 꼽힌다.

9~1월	6~8월	11~1월	2~5월
우기	무척 더운 때	상대적으로 시원한 때	다낭 여행 중 최적의 시기

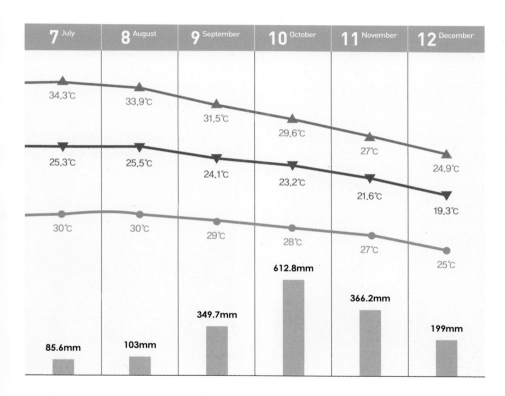

7 July	**8** August	**9** September	**10** October	**11** November	**12** December
34.3℃	33.9℃	31.5℃	29.6℃	27℃	24.9℃
25.3℃	25.5℃	24.1℃	23.2℃	21.6℃	19.3℃
30℃	30℃	29℃	28℃	27℃	25℃
85.6mm	103mm	349.7mm	612.8mm	366.2mm	199mm

6~8월

가만히 있어도 땀이 줄줄 흐르는 무더위가 이어진다. 대체로 맑은 편이나 때때로 스콜처럼 비가 쏟아지기도 해서 습하고 끈적하다. 불쾌지수가 하늘을 찌르는 날씨. 아침부터 푹푹 찌는 더위, 낮에는 야외 활동이 버겁게 느껴진다. 오전 11시~오후 3시에는 야외보다 실내 활동을!

9~12월

강수량이 증가하는 우기. 9~10월은 1년 중 비가 가장 많이 내리는 달이다. 우산이나 우비를 챙기자. 우기에도 운이 좋으면 쾌청한 하늘을 만날 수 있다. 9월부터는 기온이 내림세. 악천후로 야외 활동이 어려울 수 있으니 여행 계획을 세울 때 반드시 플랜 B를 마련해두도록!

알아두면 쓸 데 있는 다낭 · 호이안 여행 잡학사전

Dictionary

모른다고 여행에 지장이 생기는 건 아니지만, 알아두면 쓸 데 있는 정보들!
가벼운 마음으로 한 번 읽어보자.

베트남 동 환전 팁

한국에서 미국 달러 USD로 환전 후 현지에서 베트남 동 VND으로 한 번 더 환전하는 게 금전적으로 이득이다. 한 시장 인근의 금은방, 롯데마트 다낭 내 환전소가 환율 좋기로 소문난 곳. 미국 달러는 소액권보다 100달러짜리 지폐의 환율을 더 잘 쳐준다. KEB하나은행 등 시중 은행의 일부 지점이 베트남 동을 보유하고 있으나 환율 우대율이 낮다. 방문 전, 동 보유 여부 확인도 필수. 미국 1달러짜리 지폐를 여러 장 바꿔두면 호텔 등에서 팁으로 쓰기 편리하다.

베트남 비자, 필요한가요?

관광을 목적으로 하는 한국 여권 소지자는 15일 무비자로 입국 가능하다. 15일 이상 체류한다면 비자 발급이 필요하다. 베트남에 무비자로 입국했다가 30일 이내 재방문을 해야 한다면 관광 목적이어도 비자를 발급받아야 한다. 베트남 비자 발급은 홈페이지 evisa.xuatnhapcanh.gov.vn에서 E 비자로 가능하며 출력해서 출 · 입국 시 소지하면 된다.

사진 촬영 불가 시설

관광지, 식당, 카페, 호텔 등은 사진 촬영에 대체로 관대한 편이다. 하지만 관공서 등 일부 시설은 사진 촬영 불가인 곳도 있다. 이 경우에는 셔터를 누름과 동시에 제복 차림의 베트남 공산당이 나타나 촬영을 제지한다. 이미 찍은 사진에 대하여 삭제 요청을 하기도.

걷기 불편한 데가 많아요!

인도 정비가 덜 된 곳이 많다. 풀이 무성하게 자라 걷기 불편한 구간도 종종 보인다. 상점을 방문한 오토바이들이 인도를 점령하기도 한다. 오토바이가 수월하게 드나들 수 있도록 턱을 비스듬하게 낮춰놓아 넘어지는 사람이 더러 있다. 어르신, 아이와 함께하는 여행이라면 각별히 주의하자.

호이안을 한적하게 누리고 싶다면?

호이안은 등불이 밝혀지는 밤 시간에 방문하는 사람이 많은데, 한적하게 누리고 싶다면 일찌감치 나서자. 본격적으로 여행자가 몰려들기 시작하는 오후 2시 전은 상대적으로 한산하다.

도로를 무사히 건너는 법

큰 길을 건널 때는 마음을 다잡고 심호흡부터 해야 한다. 오토바이가 들이받을 기세로 쉼 없이 몰려오기 때문. 적당한 때를 기다렸다가 용기를 내서 한 발을 디딘다. 그리고는 한결같은 속도로 쭉 건너간다. 움츠러들지 않는 게 포인트. 일정한 속도로 걸어가면 오토바이가 요리조리 알아서 피해 간다. 갑작스럽게 뛰는 등의 돌발 행동은 절대 금물.

미국 달러를 받는 곳도 있어요!

호텔과 리조트, 고급 레스토랑, 일부 마사지 숍 등에서는 결제 시 미국 달러도 받는다. 요금 표기를 베트남 동과 미국 달러 두 가지로 하는 곳도 자주 눈에 띈다. 달러로 계산하면 달러로 거스름돈을 주는 경우도 간혹 있지만 대다수는 베트남 동으로 잔돈을 내준다.

스마트폰 체크 포인트

Check Point

인터넷 연결만 원활하게 해결되면 해외에서도 불편함 제로!
스마트폰을 적극 활용하기 위해 미리 준비할 포인트를 짚어본다.

포켓 와이파이 vs 유심 vs 데이터 로밍

☑ 포켓 와이파이

데이터 로밍 단말기다. 최대 5명까지 공유 가능. 통신사에서 제공하는 데이터 로밍에 비하면 가격이 합리적이다. 태블릿, 노트북에도 연결할 수 있어 편리하다. 지역에 따라 요금이 다른데 베트남은 1일 임대료가 4~5천 원 선. 단말기를 가지고 다녀야 하는 번거로움이 있지만, 여럿이 함께 여행한다면 포켓 와이파이가 알맞다. 인터넷 예약 후 출국할 공항에서 수령.

알아두세요

포켓 와이파이 단말기 중에는 보조 배터리 기능을 포함한 제품도 있다. 비행기 탑승 시 위탁 수하물에 보내면 문제가 될 수 있으니 반드시 기내에 들고 타자. 귀국 시 반납을 잊지 말도록!

☑ 유심

휴대전화 속 심 SIM 카드를 교체한다. 유심을 갈아 끼우고 나면 한국에서 쓰던 번호로 걸려오는 전화, 문자는 다시 유심을 갈아 끼울 때까지 수신 불가. 다낭국제공항 내 유심 판매 부스에서 손쉽게 구할 수 있다. 통신사, 유효기간, 속도, 용량, 핫스팟 이용, 문자나 통화 가능 여부 등에 따라 금액이 다르다. 5천~1만 원 선. 기간이 길거나 혼자라면 유심이 알뜰하다.

알아두세요

공항 내 유심 판매 부스 직원들은 마음이 급하다. 원하는 유심의 종류를 선택하기도 전에 데이터만 가능한 것으로 갈아 끼워버리는 경우가 잦다. 통화나 문자 발송이 필요하면 휴대전화를 건네기 전에 알릴 것.

☑ 데이터 로밍

공항 내 통신사 부스 또는 통신사 로밍센터에 전화를 걸어 신청하면 된다. 별도의 단말기를 들고 다닐 필요가 없고 유심을 갈아 끼우는 번거로움 또한 없어서 가장 간편한 방법이지만, 요금이 비싼 게 흠. 통신사별로 데이터 로밍 무제한 요금제를 선보이고 있으나, 일정량을 이용하고 나면 속도가 떨어지는 경우도 있다. 요금제를 면밀히 살핀 뒤 결정하자. 단말기 소지는 싫지만, 한국에서 쓰던 번호로 중요한 연락을 받아야 할 일이 있다면 데이터 로밍도 고려해볼 만하다.

무료 와이파이

대부분의 호텔·리조트 로비와 객실에서 무료 와이파이를 사용할 수 있다. 검색, 카카오톡 등 일반적인 용도로 사용하면 무난한 속도.

☑ 구글 맵스

해외여행 할 때 꼭 필요한 필수 지도 앱. 지도와 더불어 현재 내 위치도 파악할 수 있다. 길 찾기 기능을 이용하면 목적지까지의 거리, 교통편은 물론, 그랩 요금까지 상세하게 안내해준다. 주변 탐색 기능을 이용하면 인근의 식당과 카페, 관광 명소 등 여행 정보도 얻을 수 있다.

알아두세요

구글 맵스 검색창에 상호 또는 주소를 입력하면 위치 정보가 나온다. 외국인 여행자의 경우 영어로 검색하는 게 일반적인데, 한국인 여행자가 즐겨 찾는 곳은 한국어로 검색해도 나오는 경우가 종종 있다. 베트남어로 표기된 목적지, 주소 정보를 가지고 있다면 성조를 무시하고 알파벳 그대로 입력하자.

☑ 트립어드바이저

좀 더 풍성한 여행 정보를 얻고 싶을 때 이용하면 좋은 앱 트립어드바이저. 전 세계의 호텔, 여행지, 레스토랑, 카페 등 방대한 양의 정보를 제공한다. 이미 다녀간 사람들이 남긴 별점과 후기를 꼼꼼히 살피는 게 때때로 도움이 되기도 한다.

알아두세요

여행자가 많지만 호텔, 레스토랑 수도 많아 업소 간 경쟁이 치열하다. 트립어드바이저 평점에 민감할 수밖에. 숙박과 식사 등의 경험이 좋았는지 확인 후 긍정적인 답변이 돌아오면 트립어드바이저에 후기를 남겨달라고 요청하는 곳이 꽤 있다. 이 때문에 트립어드바이저 내 다낭 업체들은 평점이 상향 평준화되어 있다.

☑ 파파고

네이버에서 제공하는 똑똑한 번역 앱 파파고. 영어, 베트남어 등 다양한 국가의 언어를 한국어로 번역해준다. 때때로 얼토당토않은 번역 결과가 나와 당황스럽기도 하지만, 여행에 필요한 기본적인 의사소통은 어느 정도 가능. 언어 문제로 식은땀을 흘리고 있다면 파파고 앱을 설치하자. 구글 번역 앱도 같은 기능을 한다.

알아두세요

장문으로 작성하는 것보다 단문으로 끊어서 번역할 내용을 입력하는 쪽이 좋은 결과를 보여준다.

☑ 그랩

한국의 카카오 택시와 비슷한 앱이다. 동남아시아를 꽉 잡고 있는 차량 공유 서비스. 베트남의 주요 도시에서도 상당히 유용하게 쓰인다. 버스 등 대중교통보다 택시 이용이 편리한 여행지 다낭. 그랩 앱을 깔아두면 여행지 간 이동은 수월하게 해결되니 교통편 걱정은 하지 않아도 될 듯.

알아두세요

그랩을 이용할 때마다 약간의 포인트가 쌓인다. 포인트는 앱 내 'GrabRewards' 메뉴에서 쿠폰으로 교환.

멀티탭 준비하기

사용할 전자제품이 많은 경우 멀티탭을 챙겨두자. 여러 전자제품을 한 번에 사용 또는 충전할 수 있어 편리하다.

PART 1
인사이드
INSIDE

전식 · 샐러드

고이꾸온
Gỏi Cuốn

한국에 월남쌈으로 알려진 샐러드
롤. 각종 생채소와 데친 새우, 고기
등을 라이스 페이퍼로 감쌌다. 짜조
와 다르게 튀기지 않고 생으로
먹는다. 고소한 땅콩 소
스나 느억맘 소스
에 콕!

짜조
Chả Giò

베트남식 스프링롤. 새우, 다진 돼지
고기, 버섯, 당면 등을 라이스 페이퍼
로 돌돌 말아 바삭하게 튀겼다. 북부
지방에서는 넴 Nem이라 부르기도.

베트남 간판 요리 총정리

food

언제까지 짜조, 쌀국수, 모닝글로리만 무한 반복해서 먹을 건가?
베트남 음식, 쌀국수 말고도 먹을거리가 이렇게나 많다. 베트남 간판 요리 총정리!

고이센
Gỏi Sen

샐러드의 일종. 연꽃 줄기, 당근, 고
수 등 야채를 특유의 소스에 버무렸
다. 부순 땅콩을 듬뿍 뿌려 마무리.

자우무옹싸오또이
Rau Muống Xào Tỏi

공심채. 베트남 식당의 메뉴판에서
종종 보이는 모닝글로리 볶음이다.
마늘을 넣어 한국 사람 입맛에도 딱!

고기 · 해산물

① 쓰언람만
Sườn Ram Mặn

소금과 설탕, 마늘, 조미료 등의 양념에 재워두었다가 구운 돼지갈비.

② 꾸어롯
Cua Lột

고급 해산물 요리. 껍질이 연한 게를 통째로 튀겼다. 껍질째로 먹는 것.

③ 빗뗏
Bít Tết

베트남 스타일의 소고기 스테이크. 소고기 모양의 철판을 뜨겁게 달군 뒤 얇은 고깃덩어리와 반숙 달걀을 올려 지글지글한 상태로 내준다. 바게트와 함께!

④ 써디엡느엉머한
Sò Điệp Nướng Mỡ Hành

가리비구이. 파를 기름에 달달 볶아 두둑하게 얹는다.

⑤ 까코또
Cá Kho Tộ

뚝배기에 넣어 조린 베트남식 생선조림.

⑥ 믁느엉
Mực Nướng

구운 오징어. 실패 확률이 적은 해산물 요리, 가격대는 다소 높다.

베트남의 간판 요리들

1 반쎄오
Bánh Xèo

쌀가루 반죽을 두르고 그 위에 각종 채소와 해산물을 얹은 뒤 반을 접어 부쳤다. 베트남에서 가장 대중적인 음식 가운데 하나.

2 반미
Bánh Mi

베트남식 샌드위치. 겉은 바삭하고 속은 야들야들한 쌀 바게트를 반으로 쩍 갈라 고기와 햄, 채소, 소스를 풍성하게 채워 넣었다. 간편식으로 알맞은 메뉴.

4 분짜
Bún Chả

베트남 북부에서 즐겨 먹는 음식. 얇은 쌀국수를 삶아 새콤달콤한 국물에 적셔 먹는다. 숯불에 노릇하게 구운 고기와 생채소를 곁들인다.

3 퍼
Phó

베트남의 대표 음식인 쌀국수를 말한다. 소고기를 넣으면 퍼 보 Phó Bo, 닭고기를 넣으면 퍼 가 Phở Gà. 소고기는 양지나 차돌박이, 힘줄 등 부위별로 골라 먹을 수 있다.

껌찌엔
Cơm Chiên

익숙한 맛의 볶음밥. 어디서 주문하든 양이 많고 무난하
다. 누구에게나 만만한 음식.

 미싸오
Mì Xào

노랗고 꼬불꼬불한 면발의 라면. 소
고기나 해산물을 넣고 볶았다.

 분짜까
Bún Chả Cá

어묵 국수. 생선 살을 탱글탱글하게
빚어 튀긴 어묵을 올렸다.

 미꽝
Mì Quảng

비빔국수와 닮은 다낭의 명물 국수. 우동처럼 면이
굵은 게 특징이다. 고명으로 고기나 새우 등을 얹는
다. 바삭한 쌀 튀김도 들어 있다.

호이안의
대표 요리

 까오러우
Cao Lâu

호이안의 명물 국수. 일본의 영향을 받은 면 요리다. 우동처럼 면이 두툼하고 쫄깃한 게 특징. 돼지고기와 네모난 쌀 튀김, 각종 채소를 얹어 비벼 먹는다.

 반바오반박
Bánh Bao Bánh Vạc

만두와 비슷한 음식. 얇은 피 안에 새우살 등을 넣어 만든 소를 채웠다. 하얀 장미를 닮아 화이트 로즈라고도 불린다.

 호안탄
Hoành Thánh

완탕의 일종이다. 바삭하게 튀긴 완탕 위에 다진 새우, 토마토, 양파 등을 얹는다. 바삭하고 새콤한 맛.

 껌가
Cơm Gà

호이안에서 즐겨 먹는 닭고기 덮밥. 백숙처럼 푹 삶아 부드러운 닭고기를 잘게 찢어 밥 위에 올린다.

반코아이
Bánh Khoái

후에 스타일의 부침개. 반쎄오와 별반 다르지 않은데 크기가 작고 두툼하다.

넴루이
Nem Lụi

다진 고기를 레몬그라스 막대에 뭉쳐 숯불에 굽는다. 라이스 페이퍼를 펼치고 그 위에 채소를 얹은 뒤 넴루이를 넣어 싸서 먹는다.

반베오
Bánh Bèo

걸쭉한 쌀가루 반죽을 작은 접시에 담아 찐 다음 자잘한 튀김, 잘게 부순 새우 등을 올렸다. 떡만큼은 아니지만 찰기가 있는 식감.

반봇록
Bánh Bột Lọc

타피오카 반죽으로 만들어 떡처럼 쫄깃하다. 투명한 것이 꼭 감자떡과 비슷한 느낌. 속에는 고기와 새우가 담겼다. 바나나 잎에 싸인 형태.

분보후에
Bún Bò Huế

소의 등뼈나 꼬리, 사태 등으로 푹 끓인 육수에 레몬그라스를 넣어 국물을 우린다. '분'은 국수, '보'는 소고기. 식당에 따라 소고기나 돼지고기, 도가니, 선지, 내장 등을 얹어 낸다.

오전 7시, 어슬렁거리며
동네 한 바퀴를 걸었다.

호이안에서는 정해진 일정 없이
마음이 이끄는 대로 다녔다.

시간이 멈춘 동네, 호이안의 아침
Morning of Hoi An

혹독하게 더웠는데, 조금은 힘들었던 기억인데 이상하지? 호이안이 자꾸 생각난다.
낯선 공기가 맴돌던 이른 아침의 잔잔했던 시간이, 아침에만 볼 수 있던 소소한 풍경이. 그런 아침이 참 좋았다.

여유롭고 활기찬 호이안의 아침이 열렸다.

호이안은 등불 켜지
는 밤이 아름답다고
들 하지만, 진면목
은 아침녘에 드러난
다.

관광객이 거리를 가득 메우기 전
한적한 호이안 구시가지 풍경.

국제무역항으로 번
성했던 호시절의 영
광은 역사의 뒤안길
로 사라지고.

베트남 모자를 뒤집어쓰고 빗자루를 들고나와
집 앞을 부지런히 쓸어내는 아주머니.

등줄기 타고 땀이 흥건하게 흐르면
꽃분홍 부겐빌리아 그늘 아래 앉아
카페 쓰어다를 마신다.

완벽한 힐링의 시간, 마사지 숍 추천

Massage

하루의 마무리는 완벽한 휴식을 보장하는 마사지 어떨까?
느릿느릿 흘러가는 시간을 만끽하며 맘껏 힐링을!

마사지 숍 메뉴 미리 보기

❶ 발 마사지 | 발뿐 아니라 단단하게 뭉친 종아리의 근육까지 시원하게 풀어준다.

❷ 아로마 테라피 마사지 | 향긋한 에센셜 오일을 듬뿍 발라 부드럽게 문지르듯 마사지한다.

❸ 핫 스톤 마사지 | 뜨겁게 달군 돌을 마사지에 활용한다. 혈액 순환, 부종 등에 효과.

❹ 바디 스크럽 | 몸에 쌓인 각질을 말끔히 없애준다. 피부에 쌓인 노폐물까지 깨끗하게.

❺ 어깨 · 등 집중 마사지 | 등과 어깨 근육이 유독 많이 뭉쳤다면 이 마사지 추천.

❻ 전통 타이 마사지 | 태국 대표 마사지. 근육과 관절의 긴장을 풀고 혈 자리를 눌러준다.

❼ 포핸즈 | 마사지 손이 넷이다. 두 명의 마사지사가 동원된다.

❽ 스킨 케어 | 거친 피부에 수분과 영양 공급. 각질 케어, 가벼운 마사지 등의 서비스를 제공한다.

※마사지 숍 이용 주의사항과 팁 p153

다낭에서는 여기가 최고

센 부티크 스파
Sen Boutique Spa
p148
다낭

다낭에서 단 하나의 마사지 숍을 고르라면 센 부티크 스파를 꼽겠다. 분위기와 시설, 청결도, 직원들의 태도와 마사지 실력! 무엇 하나 흠잡을 데 없는 곳.

약간 비싼 감이 있지만 손맛 제대로!

핑크 스파
Pink Spa
p149
다낭

다소 높은 가격대지만 마사지사들이 전반적으로 노련한 편. 외관부터 내부, 세부 장식까지 핑크빛으로 덮여 있다. 다낭 대성당 앞에 위치해 접근성이 아주 좋다.

애매한 위치지만 찾아가도 좋은 곳

더 캄 스파
The Calm Spa　　　　　　p236
　　　　　　　　　　　　`호이안`

호이안 시내를 한참 벗어나 있다. 논
밭에 둘러싸인 애매한 위치임에도
찾아갈 만한 가치가 충분한 마사지
숍. 힐링하기 딱 좋은 차분한 분위기
가 돋보인다.

편안한 분위기, 세심한 직원들

화이트 로즈 스파
White Rose Spa　　　p236
　　　　　　　　　　　`호이안`

깔끔한 시설, 상냥한 직원들, 적당히
힘을 가하는 정성스러운 마사지. 다
방면에서 두루 좋은 평가를 받고 있
다. 무난한 선택.

가성비 좋은 마사지 숍

판다누스 스파
Pandanus Spa　　　p237
　　　　　　　　　　`호이안`

왕복 픽업 서비스를 제공한다. 시설
은 투박하지만 친절함과 마사지
실력은 어디에도 뒤지지 않
는다. 합리적인 가격, 흡족한
시간을 보낼 수 있는 숍.

빈펄 리조트 & 스파 다낭 p161
Vinpearl Resort & Spa Danang

나짱, 푸꾸옥 등 베트남 휴양지에서 강세인 베트남 리조트 체인 빈펄. 다낭에만 빈펄 리조트가 세 군데나 있고, 호이안에도 두 군데 영업 중이다. 가족 여행자가 즐겨 찾는 숙소. 가족끼리 오붓하게 머물 수 있는 독채 풀 빌라가 대인기다.

리조트가 다 했다! 만족도 100% 럭셔리 리조트

Resort

야자수가 무성하게 자란 산책로, 휴양지 분위기 물씬 풍기는 넓은 수영장, 베트남 특유의 전통미가 묻어나는 현대적인 스타일의 객실, 풍성하고 푸짐하게 차려진 조식 뷔페! 무엇 하나 나무랄 데 없는 매력적인 시설의 리조트를 만나보자.

하얏트 리젠시 다낭 리조트 & 스파 p158
Hyatt Regency Danang Resort & Spa

가족 단위 여행객에게 뜨거운 사랑을 받고 있는 리조트. 시원스러운 바다 전망이다. 여러 개의 침실과 주방 시설이 딸린 레지던스 형태의 숙소가 있다. 오행산 근처라 다낭 시내와의 거리는 멀지만 푹 쉬고 싶은 여행자라면 더없이 좋은 선택.

푸라마 리조트 다낭
Furama Resort Danang

p156

다낭 시내와 가까운 바닷가의 리조트. 외관에서부터 휴양지 느낌이 물씬 풍긴다. 베트남 스타일에 프랑스풍의 건축 양식을 보탠 건물. 미케 비치를 마주 보는 메인 수영장이 근사하다. 0.5미터 높이의 라군 풀은 어린아이들이 놀기 딱 좋은 높이!

반얀트리 랑꼬
Banyan Tree Lang Co

p155

시내에서 멀찌감치 떨어져 있다. 휴양을 위한 여행이라면 호화로운 무드의 반얀트리 랑꼬가 답! 다양한 액티비티 프로그램을 운영해 종일 호텔에서 시간을 보내도 지루할 틈이 없다. 공항까지 1시간 10분 거리지만 왕복 픽업 서비스 제공.

멜리아 다낭
Melia Danang

p154

4성급 숙소지만 5성급 리조트 부럽지 않은 부대시설을 갖췄다. 부지가 넓고 산책로가 깔끔하게 정리돼 있다. 전용 해변을 비롯해 아이들을 위한 수영장 포함 3개의 수영장을 운영 중. 논 느억 비치 또는 오행산이 보이는 객실 전망.

나만 리트리트
Naman Retreat

p160

웰니스에 초점을 맞춘 스파 인클루시브 리조트 나만 리트리트. 1일 50분의 스파 이용이 포함돼 있다. 다낭과 호이안의 중간쯤, 바닷가에 위치한다. 현대적인 스타일과 베트남 전통미가 묻어나는 건축 양식이 매혹적이다.

대가족, 아이들과 즐겁게!

- 🏠 하얏트 리젠시 다낭 리조트 & 스파
- 🏠 빈펄 리조트 & 스파 다낭
- 🏠 푸라마 리조트 다낭
- 🏠 멜리아 다낭

연인과 오붓하게!

- 🏠 인터컨티넨탈 다낭 선 페닌슐라 리조트
- 🏠 퓨전 마이아 다낭
- 🏠 반얀트리 랑꼬
- 🏠 나만 리트리트

카페 덴 다
Cà Phê Đen Đá

차가운 블랙커피. 역시 진하다. 잔에 얼음을 꽉 채워 주
거나 대접에 얼음을 양껏 넣어먹을 수 있도록 내주지만
얼음을 다 털어 넣어도 농도가 진한 편. 취향껏 농도를
맞춰 마시면 된다.

달콤쌉싸름 베트남 커피
☕ coffee ☕

베트남을 이야기할 때 빼놓을 수 없는 것, 바로 커피다. 프랑스 식민지를 거치며
비옥한 토양의 고원 지대가 커피 산지로 거듭났다. 세계에서 손안에 들 만큼 많은 커피를 생산하는 나라.
달콤하거나 쌉쌀하거나, 베트남의 특색이 더해진 커피 메뉴들. 어떤 게 있지?

카페 쯩
Cà Phê Trứng

달걀노른자를 이용한 커피. 노른자를 동동 띄운 비주얼
이 떠올라 고개를 절레절레 흔들었지만 상상만큼 이상
하지 않았다. 노른자로 부드러운 크림을 만들어 얹었다.
흰자로 만든 포근한 거품을 얹는 곳도 있다.

카페 쓰어 다
Cà Phê Sữa Đá

차가운 연유 커피. 베트남식으로 내린 커피에 연유와 얼음을 넣어 마신다. 한여름의 다낭과 잘 어울리는 커피. 당 떨어졌을 때 마시면 제격! 따뜻한 연유 커피는 카페 쓰어 농 Cà Phê Sữa Nóng.

코코넛 스무디 커피
Cốt Dừa Cà Phê

베트남 커피 프랜차이즈 콩 카페에서 한국인에게 열렬한 사랑을 받고 있는 이 메뉴, 코코넛 스무디 커피. 진한 커피의 쌉쌀함과 달콤한 스무디가 조화롭다. 카페마다 각자의 스타일을 더해 개성 넘치는 코코넛 커피를 내놓는다.

카페 덴 농
Cà Phê Đen Nóng

따뜻한 블랙커피. 베트남 현지인들이 즐겨 마시는 커피다. 물의 양이 적고 에스프레소만큼 진해서 아메리카노에 익숙해진 한국 사람들에겐 다소 어렵게 느껴질 수 있다. 설탕을 첨가해 쓴맛과 단맛을 함께 즐기기도 한다.

이런 것도 있어요!　　　　**족제비 똥 커피**

농장에서 사육하는 족제비가 커피 체리를 먹으면 과육만 소화되고 생두는 배설물로 배출된다. 여기서 생두만 골라 건조한 게 바로 위즐 커피. 고가에 거래되나 진위 여부를 가리긴 쉽지 않다.

이런 건 없어요!　　　　**다람쥐 똥 커피**

콘삭 커피를 다람쥐 똥 커피로 오해하는 사람이 적지 않다. 이는 잘못 전해진 이야기. 콘삭 커피 중 헤이즐넛 향이 첨가된 제품이 있는데, 다람쥐가 헤이즐넛을 좋아해 마케팅에 캐릭터를 활용한 것뿐.

맛 · 분위기 모두 잡은 취향저격 카페

Cafe

맛이면 맛, 분위기면 분위기! 무엇 하나 빠지지 않는 멋진 카페들만 모았다.
땡볕이 내리쬐는 나른한 오후, 차나 한잔 마시며 잠시 쉬어갈까?

리칭 아웃 티 하우스 `p221`
Reaching Out Tea House `호이안`

고요한 찻집. 고풍스러운 분위기에서 차 한잔을 마시며 평화로움을 누릴 수 있다. 대다수의 직원을 장애인으로 고용한 아름다운 가게. 이곳에서 차분하게 보내는 한때.

코코박스 주스 바 & 카페 `p222`
Cocobox Juice Bar & Café `호이안`

제철 맞은 신선한 채소와 과일로 주스, 스무디를 내놓는다. 베트남에서 난 로컬 식재료를 적극적으로 활용한다. 시설이 깔끔하며 호이안 내 지점이 여럿 있다.

 콩 카페
Cộng Cà Phê   p132   다낭

빈티지 풍으로 꾸민 공간. 콩 카페에서만 느낄 수 있는 특유의 분위기가 있다. 달콤 쌉싸름한 코코넛 스무디 커피가 간판 메뉴. 한적함을 원한다면 오픈하자마자 출동!

 식스 온 식스 카페
Six On Six Café   p137   다낭

주택가에 숨어 있는 조용한 카페. 세련된 감각으로 중무장했다. 수준급의 브런치를 선보인다. 커피도 물론 좋지만 설탕을 넣지 않아도 충분히 달콤한 스무디 역시 엄지 척.

 파이포 커피
Faifo Coffee   p220   호이안

호이안 구시가지에서 전망 명당으로 첫 손에 꼽히는 곳. 주변 건물이 워낙 낮아 이 카페 옥상이 상대적으로 높게 느껴진다. 탁 트인 테라스에서 내려다보는 풍경이 근사하다.

 에스프레소 스테이션
Espresso Station   p225   호이안

외진 골목에 놓인 카페. 잎이 큰 열대의 나무들에 둘러싸여 이국적이다. 일부러 찾아가야 하는 위치라서 분위기가 좋은 데 비해 사람이 적다. 여러 가지로 마음에 쏙!

껨 짜이 즈어
Kem Trái Dừa

아이스크림이 껨. 껨 짜이 즈어는 코코넛 아이스크림이다. 코코넛 열매 안에 아이스크림과 코코넛 과육을 얹어준다. 아이스크림부터 퍼먹고, 남은 코코넛 과육을 박박 긁어먹는 재미!

비아 허이
Bia Hơi

밍밍하지만 시원한 생맥주. 베트남의 여름날에 더욱 간절하다. 생맥주 기계에서 방금 따른 풍성한 거품이 매력. 저렴하고 부담 없는 가격은 덤이다.

낯설지만 매력적인 베트남의 마실 거리
Drink

가만히 앉아만 있어도 입이 바싹바싹 마르는 베트남의 여름.
시원하거나 달콤한 음료 없이 한낮을 견디는 건 쉽지 않은 일이다.
청량감 넘치는 맥주, 새콤달콤 제철 과일을 듬뿍 넣은 주스와 스무디! 베트남의 마실 거리를 소개한다.

비아
Bia

베트남에는 생맥주 말고도 여러 종류의 베트남산 캔맥주, 병맥주가 유통된다. 호랑이 그림이 그려진 라거 맥주 라루 Larue가 다낭을 대표하는 맥주. 베트남 남쪽을 꽉 잡고 있는 사이공 맥주 Bia Sài Gòn와 북쪽에서 인기 있는 하노이 맥주 Bia Hà Nội도 종종 눈에 띈다. 후다 맥주 Bia Huda는 후에의 로컬 맥주. 1993년 베트남에 진출한 덴마크 맥주 양조 회사 칼스버그에서 후다 맥주를 생산한다. 수입 맥주로는 싱가포르 맥주 타이거가 강세. 하이네켄, 버드와이저, 칼스버그 맥주도 자주 보인다.

쩨
Chè

베트남의 전통 간식. 들어가는 내용물에 따라 여러 가지가 있는데, 가장 흔히 볼 수 있는 쩨는 콩, 녹두, 팥, 젤리, 과일 등과 얼음을 갈아 섞은 것이다. 투박하지만 빙수와 닮은 구석이 있는 쩨.

짜다
Trà Đá

여느 동남아시아의 나라들처럼 수질이 좋지 않은 베트남. 식당에서는 생수를 사서 마시거나 끓인 물에 차와 얼음을 넣은 짜다를 마신다. 짜다는 무료로 제공하거나 저렴한 값에 판매.

느억 앱 짜이꺼이
Nước ép Trái Cây

새콤달콤 제철 과일로 만든 주스. 과일 종류만 고르면 된다. 파인애플, 구아바, 망고, 수박 등이 흔한 과일 주스.

느억 미아
Nước Mía

사탕수수 주스. 긴 막대처럼 생긴 사탕수수 속에는 단맛 나는 물이 가득차 있다. 이걸 기계로 눌러 즙을 짜서 주스를 만든다. 느억 미아라고 적힌 노점상에서 맛볼 수 있다.

신또
Sinh Tố

스무디. 파파야, 망고, 아보카도, 두리안, 패션후르츠, 바나나, 라즈베리, 블루베리, 키위 같은 과일을 듬뿍 갈아 넣는다.

쓰어 쭈어
Sữa Chua

요거트. 플레인으로 먹거나 코코넛, 커스터드 애플, 망고, 아보카도, 잭푸르트 등 계절 과일을 곁들인다. 쫀득한 찹쌀을 더한 요거트도 뜻밖의 별미.

다낭 미케 비치 VS 호이안 안방 비치

Beach

미케 비치
Bãi biển Mỹ Khê   p96

미국의 경제 전문지 포브스 Forbes가 지구상에서 가장 매력적인 6개의 해변 가운데 하나로 미케 비치를 선택했다. 밀가루처럼 새하얀 모래, 따듯하고 화사한 햇빛, 실하게 자란 야자수. 매력적인 휴양지의 조건을 다 갖췄다. 잔잔할 때는 바다에 풍덩 뛰어들어 수영을 하고, 파도가 거칠어지는 겨울엔 서핑을 즐긴다. 푸르름 너머 보이는 수평선과 붉게 물든 석양은 언제 봐도 근사한 광경.

안방 비치
Bãi biển An Bằng

p198

호이안 구시가지에서 약 4킬로미터 남짓 떨어
져 있는 해변. 번잡한 시내를 벗어나 휴식하기
더없이 좋다. 뜨거운 태양을 가려주는 파라솔
그늘 아래 드러누워 낮잠을 청하는 게으른 시
간. 캐주얼한 바에 궁둥이를 붙이고 앉아 맥주
한 잔을 쭉 들이켜면 세상 부러울 게 없어진
다. 바다 냄새 가득 실어다 주는 바람을 맞으
며, 일상의 고단함을 바닷가에 풀어놓자. 안방
비치는 우리가 바라던 그 바다.

INSIDE ——

한여름 밤의 낭만, 다낭 · 호이안 야경 포인트

Night View

다낭

❶ 용교

한강 위를 지나는 다리. 구불구불 용을 본떠 만들었다. 밤이 되면 라이트 업으로 요란한 빛을 뿜어낸다. 강 따라 넓은 산책로, 조각공원이 조성돼 있어 산책 삼아 걷기 좋다.

❷ 한강교

한강 사이를 잇는 주요 다리 가운데 하나인 한강교. 교통량이 많아 낮이고 밤이고 쉴 틈 없이 붐빈다. 역시 밤이 되면 불이 들어온다. 밤의 한강을 환하게 밝혀주는 야경 포인트.

❸ 스카이36

노보텔 다낭 프리미어 한 리버의 루프탑 바. 칵테일을 홀짝이며 강과 도시 전망을 한눈에 담을 수 있다. 베트남 물가치고는 사악한 가격대지만 전망 하나는 으뜸!

❹ 아시아파크

시내 중심에서 살짝 벗어나 있지만 멀리서도 보일 만큼 거대한 크기의 대관람차. 빌딩 숲으로 뒤덮인 아시아의 여느 도시에 비하면 싱거운 전망이지만 한 번은 볼만한 뷰.

호이안

❶ 구시가지

구시가지 곳곳에 주렁주렁 매달린 색색의 등불에 빛이 더해진다. 호이안의 낮과 밤은 완전히 다른 모습. 은은하게 빛나는 등불들이 모여 호이안만의 짙은 매력을 뽐낸다.

❷ 내원교

호이안은 한때 무역항으로 이름을 알렸던 도시다. 과거 이곳에 정착했던 일본인과 중국인의 거주지를 연결했던 다리 내원교. 밤이 되면 초록빛 불이 비쳐 신비로움이 감돈다.

❸ 투본강

날이 어둑어둑해지면 투본강에 배가 떠다니기 시작한다. 유유자적 뱃놀이를 하며 즐거운 한때! 느릿느릿 노를 저어 움직이는 배에서 아날로그 감성에 흠뻑 젖어볼까?

소원등은 반대!

소원등을 강 위에 띄우는 건 반대다. 싸구려 종이에 색깔을 입혀 만든 소원등은 투본강 오염의 주범! 타다 남은 소원등은 쓰레기가 되어 강에 남고 물이 흐르지 않는 구간에서는 악취를 유발한다. 소원은 마음으로만 빌어도 충분하다.

진짜 베트남을 보고 싶다면 한시장 대신 꼰시장으로!

한낮의 여유, 거리의 카페.

앞으로가 더 기대되는 다낭의 스카이라인.

베트남 사람들의 발이 되어주는 오토바이.

생활력이 강한 베트남 여인들.

때 묻지 않은 사람들의 정겨운 인사.

프랑스의 제빵 기술과 베트남 쌀의 어울림, 반미 사세요!

수수한 로컬 풍경 엿보기
Local Scenery

이름난 여행지보다 오래도록 마음에 남는 풍경은 수수한 로컬들의 모습이었다.
조금은 거칠고 투박해 보이는 삶의 면면들.

그림을 입혀 한껏 멋스러워진 모자.

인력거는 타는 게 돕는 걸까?

한강 앞에 위치한 호텔   p165

브릴리언트 호텔
Brilliant Hotel

1

한강변에 위치한 호텔. 객실에서 한강과 용교가 한눈에 담긴다. 객실이 깔끔하고 룸 컨디션이 좋으며 조식도 이만하면 만족! 한강이 내려다보이는 루프탑 바도 있다.

직접 묵어보고 엄선했다! 가성비 최고의 다낭 3·4성급 호텔 5

Da Nang Hotel Best

가성비 좋기로 소문난 다낭의 3·4성급 호텔들을 골라봤다. 위치, 청결도, 시설, 객실, 서비스. 무엇 하나 빠지지 않는 매력적인 조건. 쾌적한 룸 컨디션과 깔끔한 시설은 기본이요, 크든 작든 수영장이 딸렸다. 조식도 포함. 덤으로 전망까지 누릴 수 있는 호텔이라니, 이것은 다낭이라서 가능한 것!

가성비 대만족!   p167

하다나 부티크 호텔
Hadana Boutique Hotel

2

3성급 호텔이라 저렴한 가격에 하룻밤을 해결할 수 있다. 군더더기 없는 심플한 인테리어와 웃는 낯으로 맞아주는 직원들의 서비스가 강점이다. 가성비 좋은 숙소.

하늘과 바다를 마주 보는 인피니티 풀 p166

만딜라 비치 호텔
Mandila Beach Hotel

3

오픈한 지 얼마 안 된 호텔이라 쾌적한 시설을 자랑한다.
우드톤의 객실, 푹신한 침구가 마음에 쏙 드는 잠자리.
19층 꼭대기에 위치한 인피니티 풀은 인생샷 명당!

부티크 호텔답게 세심한! p166

존 부티크 빌라
John Boutique Villa

4

건물이 초록빛 식물로 뒤덮여 있다.
작은 부티크 호텔이지만 만족도가
상당히 높은 곳. 세련되고 모던하며
객실 내 간단한 주방 시설을 갖췄다.
세심함이 돋보이는!

신축 호텔로 쾌적한 시설 p167

모나르케 호텔
Monarque Hotel

5

미케 비치 앞에 위치한 늘씬한 호텔
들 가운데 하나. 2017년에 문을 연
신축 호텔이다. 아늑하고 포근한 무
드로 꾸며진 객실은 편안한 잠자리
로 제격. 서비스가 훌륭하다.

p250

서비스는 5성급!

호이안 리버타운 호텔
Hoi An River Town Hotel

1

고풍스럽게 꾸며진 객실, 꼼꼼하고 친근한 직원들의 서비스, 크고 넓은 2개의 야외 수영장. 마음에 들지 않는 구석이 하나도 없다. 구시가지에서 멀지 않은 호텔.

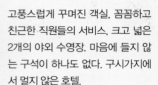

호이안 구시가지 '가심비' 대박 호텔 5

Hoi An Hotel Best

호이안의 볼거리와 먹을거리가 집중돼 있는 구시가지 주변. 가심비로 마음을 훔친 호이안 호텔 5곳을 만나보자.

구시가지, 야시장과 가까운

p250

리틀 호이안 부티크 호텔 & 스파
Little Hoi An Boutique Hotel & Spa

2

호이안 구시가지를 돌아보기 좋은 위치다. 호이안 야시장과의 거리도 400미터로 아주 가깝다. 리틀 호이안 그룹에서 운영한다. 같은 그룹 소속인 라 레지덴시아도 추천

작아서 더 세심한　　　　　p251

코지 호이안 부티크 빌라 **3**
Cozy Hoi An Boutique Villas

객실이 17개뿐인 작은 호텔. 덕분에 손님 한 사람, 한 사람 성의 있게 챙길 수 있다는 게 이 호텔의 장점이다. 조용하고 편안한 객실. 구시가지까지 걸을 만한 거리다.

웃는 얼굴로 맞아주는 직원들　　p249

란타나 부티크 호텔 호이안 **4**
Lantana Boutique Hotel Hoi An

베트남의 전통 의상인 아오자이를 입은 직원들. 구시가지 초입까지 도보 3분이면 된다. 블루톤으로 꾸민 객실은 앤티크 소품으로 포인트를 주었다. 다방면에서 만족!

세련된 디자인　　　　　p251

아틀라스 호텔 호이안 **5**
Atlas Hotel Hoi An

2016년에 문을 열었다. 전반적으로 깨끗한 시설. 내부 디자인은 세련된 느낌이 짙다. 건물 외벽은 녹색 나뭇잎으로 덮여 싱그러운 느낌. 일부 객실은 반 좌식 형태다.

망고

노란 속살, 달콤하고 부드러운 맛이 일품이다. 제철엔 망고가 넘쳐나지만 겨울에는 잘 익은 망고가 여름만큼 흔하지 않다.

드래곤후르츠

용과라는 이름으로 유통되는 과일. 소량이지만 제주에서도 드래곤후르츠를 재배한다. 키위 같은 식감. 당도가 애매해 밍밍하다.

이국적인 맛, 달콤한 열대과일의 유혹

꼼짝 않고 있어도 땀이 삐질삐질 나는 다낭의 무더운 날씨. 여행하다 기운 달리고 당 떨어질 때 열대과일에 눈 돌리면 좋다. 백화점 식품 코너에 가야 만날 수 있었던 낯선 과일이 지천에 널려 있다. 붓이 방금 스쳐 지나간 것처럼 생생한 색깔, 열정적인 빛깔이 시선을 사로잡는다.

스타후르츠

겉만 봐서는 진정한 매력을 느낄 수 없다. 껍질째 반을 쪼개봐야 숨은 깜찍함을 알아차릴 수 있다. 가운데를 뚝 잘라보면 단면이 별 모양.

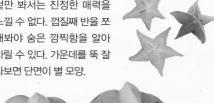

두리안

굵은 가시가 사정없이 돋아 꼭 도깨비방망이처럼 생겼다. 하수구 냄새 등으로 표현되는 지독한 향을 가져서 일부 호텔은 반입금지.

파파야

신대륙을 발견한 콜럼버스가 파파야 맛에 반해 '천사의 열매'라는 별명을 붙였다고 한다. 익지 않았을 때는 초록색이고 익으면 진한 주황색을 띤다.

망고스틴

두툼한 껍질 속에 마늘 같이 생긴 열매가 들어 있다. 한국에서는 보통 냉동 상태로 선보이지만 베트남에서는 얼리지 않은 생과일로!

포멜로

자몽을 닮았는데 훨씬 크다. 통째로 사는 것보다 손질한 것으로 사는 걸 권장. 감귤류를 좋아한다면 포멜로도 틀림없이 마음에 들 것.

구아바

단단한 과육. 사과만 한 크기에 표면은 울퉁불퉁 못생겼다. 생긴 건 그리 곱지 않지만 풍부한 영양으로 웰빙의 중심에 선 과일.

패션후르츠

낯선 비주얼이라 선뜻 손이 가지 않는다. 맛은 생각보다 좋다. 신맛이 강한 편인데 잘 익을수록 신맛은 줄고 단맛이 강해진다.

파인애플

오돌토돌한 껍질을 말끔하게 벗겨내고 알맹이만 착착 썰어서 판다. 과일 노점상에서 가장 흔하게 취급하는 저렴한 과일 중 하나.

막 찍어도 '인생샷' 호이안 인증샷 명당

Photo spot

특유의 매혹적인 색감이 인상적인 호이안에서는 막 찍어도 인생샷.
타고난 '똥손'에게 카메라를 맡겨도 제법 만족스러운 사진을 얻을 수 있다.
배경이 근사하니까. 호이안 인증샷 스폿을 모았다.

호이안 구시가지가 한눈에 내
려다보이는 전망 명당, 파이포
커피 옥상으로 향하자. 세월이
켜켜이 올라앉은 지붕을 배경
삼아 찰칵.

파이포 커피

내원교

컬러풀하고 화려한 색감 덕분에
베트남 사람들의 웨딩 촬영 명소
로 이름난 호이안. 랜드마크 건축
물인 내원교를 그냥 지나칠 수 없지!

호이안 야시장 초입의 풍등 가게들.
밤이 내리면 주렁주렁 매달린 풍등
에 불이 밝혀진다. 말이 필요 없는
인증샷 명소. 셔터를 누르면 바로
엽서가 된다.

호이안 야시장

현지에서 과일 무늬 티셔츠와 원피스를 맞춰 입은 네 사람. 나란히 서서 걷는 것만으로도 여행지 느낌이 물씬 풍긴다.

 # 호이안 구시가지 📷

베트남 전통 의상 아오자이를 입고 한 컷! 맨몸으로 서 있는 포즈가 영 어색하게 느껴진다면 자전거에 살짝 기대보자.

 # 자전거 옆 📷

트렌디한 물건들만 매의 눈으로 골라 들여놓는 편집숍 선데이 인 호이안. 매장 안쪽, 볕이 잘 들고 핑크빛으로 둘러싸인 공간이 매력이다.

 # 선데이 인 호이안 📷

호이안 인생샷 꿀팁

오전 시간이 좋아요!

오후 3시가 넘어가면 패키지 단체 여행객이 모여들기 시작한다. 밤이 짙어질수록 좁은 거리에 넘쳐나는 사람들. 상대적으로 한산한 오전 시간이 사진 찍기 좋다. 밝고 환할 때 찍어야 인생샷 건질 확률도 높아진다.

웃는 얼굴이 예뻐요!

사진 찍히는 데 익숙하지 않은 당신! 카메라만 들이대면 마네킹처럼 뻣뻣하게 굳어버리는 당신! 자연스러움이 최선이다. 내키는 대로 활짝 웃음 지어볼 것.

베트남산 카카오를
원료로 만든 초콜릿

in 페바 초콜릿

매력적인 색깔, 개성 넘치는
디자인의 커피 핀

in 선데이 인 호이안

수공예품 공방에서 발견한
찻주전자 & 잔 세트

in 쓰당쫑

마사지만큼이나 퀄리티
최고! 핸드메이드 비누

in 센 부티크 스파 다낭

in 돔돔

연꽃 차, 우롱차, 자스민차 등 풍부
한 라인업을 자랑하는 유기농 티

깜찍한 요트, 별 모양의
냉장고 자석

in 다낭 수비니어

돌아올 때는 양손 무겁게! 여행 후에 남은 기념품

Souvenir

앙증맞고 귀여워서 하나 사고, 저렴해서 "이건 꼭 사야 해!"를 외치며 하나 더 사고!
내키는 대로 물건을 집다 보면 다낭에서 돌아오는 길, 여행 가방이 묵직해져 있다. 어떤 것들이 담겨 있을까?

시원시원해서 여름
패션 아이템으로 딱
좋은 라탄 백

in 한시장

나무로 만든 장식,
베트남 커플

in 다낭 수비니어

베트남 분위기가 물씬 풍기는
콩 카페 굿즈

in 콩 카페

다낭의 랜드마크를 몽땅 담은
그림이 그려진 에코백

in 43 팩토리

아시아 대표 커피 산지
베트남에서 재배한 원두

in 호이안 로스터리

베트남 여자들이 즐겨
쓰는 전통 모자 농라

in 어디서든!

내 손으로 직접 만드는
알록달록 호이안 등불

in 호이안 등불 만들기 클래스

깜찍한 부엉이 그림이
그려진 가방

in 호이안 야시장

다낭 마트 털기, 쇼핑 리스트

Shopping

다낭 여행 가면 꼭 들르는 롯데마트. 베트남색 짙게 풍기는 식료품이 많아 구경하는 재미가 있다.
넉넉하게 집어도 부담 없는 가격. 캐리어의 빈 공간은 쇼핑으로 빈틈없이 채워볼까?

① 선실크

다채로운 헤어 제품을 선보인다. 트리트먼트 헤어 마스크 추천. 푸석푸석한 머릿결을 부드럽고 윤기 넘치게 가꿔준다.

② 래핑카우

프랑스 회사인 벨에서 제조한 가공 치즈. 개별 포장돼 있어 간편하게 즐길 수 있는 제품이다. 한국에도 있지만 가격 차이가 꽤 난다.

③ 칠리소스

매워 보이는데 한국인에게는 살짝 매콤한 정도다. 튀김류와 특히 잘 어울리는 마법의 칠리소스. 촐리멕스 핫 칠리소스도 인기!

④ 베트남식 드리퍼 핀

베트남 커피에 푹 빠졌다면 핀 장만을 고려해볼 만하다. 집에서도 스테인리스 필터를 이용해 간단하게 진한 커피를 내려 마실 수 있다.

⑤ G7

베트남을 대표하는 인스턴트 커피다. 커피, 크림, 설탕을 한 데 담은 제품이 '3-in-1'. 커피, 설탕만 담은 건 '2-in-1', 블랙 커피도 있다.

⑥ 커피조이

얇고 바삭한 비스킷. 은은한 커피 향이 풍긴다. 설탕이 뿌려져 있어 진한 커피와 궁합이 안성맞춤. 커피 타임에 곁들일 간식으로 제격이다.

7 비나밋 과일 칩

망고 등 말린 과일과 건과일 칩
이 맛있다. 바나나, 잭푸르트
등의 열대과일을 그대로 건조
해 본연의 맛을 살렸다.

8 하오하오 라면

인스턴트 라면. 면이 얇고 꼬들꼬들
한 게 특징이다. 특유의 향이 옅게
난다. 새우, 돼지고기, 닭고기 등 맛
선택은 취향 따라!

9 콘삭 커피

다람쥐 똥 커피로 이름나 있지만 배
설물과는 전혀 관련이 없다. 헤이즐
넛을 좋아하는 다람쥐는 마스코트일
뿐. 베트남산 아라비카 원두를 쓴다.

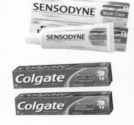

10 치약

쓰고 나면 개운함이 입안 가득 남는
치약 달리, 콜게이트, 센소다인. 원
산지는 아니지만 베트남에서 사면
훨씬 싸다.

11 방 달랏

베트남 달랏의 라도라 와이너리에서
생산하는 방 달랏은 스테디셀러. 샤
또 달랏 시그니처는 2017년 APEC 정
상회의 때 내놓았던 고급 와인이다.

13 노니 제품

각종 영양소가 풍부해 각광받고 있
는 열매 노니. 주스로 마시거나 분
말, 환, 차 등의 형태로 섭취한다. 노
니 오일, 노니 비누 등도 판매.

12 비폰 쌀국수

부들부들한 식감의 면. 인스턴트치고는 꽤 괜찮은 퀄리
티다. 한국에서도 팔지만 현지 가격이 저렴하다. 소고기
맛이 무난하다.

PART 2
교통
TRANSPORTATION

미리 보면 헤맬 일 없다!
\ 참 쉬운 다낭 출·입국 절차 /

해외여행이 처음이거나 오랜만이라면 '공항에 가서 뭐부터 해야 하더라?' 기억이 가물가물할 터.
괜히 긴장하지 말고! 걱정도 하지 말고! 스치듯 한 번 읽어두자.

출국 ✈

TIP
세관 신고
미화 1만 달러를 초과하는 여행 경비 반출 시 세관 외환신고대에 신고해야 한다. 여행 시 사용하고 다시 가져올 귀중품 또는 고가품이 있다면 출국 전 세관에 신고한 후 휴대 물품 반출 신고서를 받아두자.

여행자 보험
만약을 대비해 여행자 보험을 들어두는 게 좋다. 인천국제공항 내 삼성화재 (032-743-4114), 에이스손해보험 (032-743-0160) 여행자보험 데스크가 있다.

1 터미널 도착
인천국제공항이라면 제1여객터미널인지, 제2여객터미널인지 먼저 확인!! 출국은 모두 3층이다.

2 탑승 수속 및 수하물 위탁
체크인 카운터 또는 셀프 체크인으로 간편하게 해결. 외항사 이용 시 웹 체크인을 해두자.

3 출국 전 준비
출국장 진입 전 환전, 출금, 로밍, 여행자 보험 등 필요한 용무 처리.

4 보안 검색
항공기 탑승 전 모든 승객은 반드시 보안 검색을 받아야 한다. 액체류 등 제한 물품 확인.

5 출국 심사
만 19세 이상 국민이라면 사전 등록 절차 없이 자동출입국심사를 이용할 수 있다.

6 면세 구역 쇼핑
시내 면세점, 온라인 면세점 등에서 사전에 쇼핑을 마쳤다면 면세품 인도장에서 물품을 수령한다.

7 탑승구 이동
1~50번 게이트 탑승객은 제1여객터미널에서 탑승, 101~132번 게이트 탑승객은 셔틀 트레인 탑승.

입국

TIP
유심 구매

공항 내 유심을 판매하는 부스가 여럿 있다. 경쟁적으로 영업 중. 날짜, 문자나 통화 가능 여부 등에 따라 원하는 유심을 고르고 휴대전화를 맡기면 1분도 안 돼서 인터넷이 가능하도록 만들어준다.

1 다낭국제공항 도착

2017년에 새롭게 오픈한 다낭국제공항. 쾌적한 시설을 자랑한다. 비행기에서 내려 도착 표시를 따라가자.

2 입국 심사

별도의 입국 신고서 없이 여권만 내밀면 입국을 확인하는 도장을 찍어준다.

3 수하물 찾기

전광판에 적힌 항공편명을 보고 해당 클레임 벨트에서 수하물을 찾는다. 비슷한 모양의 캐리어가 여럿 있으니 바뀌지 않도록 본인 이름 확인.

4 공항에서 시내로!

다낭국제공항에서 도심까지는 약 3킬로미터 떨어져 있다. 택시나 그랩, 사전에 신청해둔 픽업 차량 등을 이용해 시내로 출발.

공항에서 다낭·호이안 시내로 가는 법

택시

다낭국제공항에서 대기 중인 택시를 잡아 탄다. 마이린, 비나선 등의 택시 회사 이용을 권장한다. 공항에서 출발하는 일부 택시는 미터기를 이용하지 않으려 하기도, 도착하자마자 실랑이를 벌이게 될 가능성이 있다.

그랩

현지에 도착해 공항 근처에서 대기 중인 그랩을 부른다. 차량 수가 워낙 많아 부르면 늦어도 5분 이내 도착하는 경우가 대부분. 새벽 시간에도 운행한다. 한국에 비하면 부담이 적은 요금.

공항 픽업 차량

여행 액티비티 플랫폼을 통해 픽업 차량 사전 예약. 나오자마자 이름이 적힌 종이만 찾으면 된다. 그랩이나 택시를 이용하는 것보다 요금이 약간 더 비쌀 수 있지만 마음이 편하다. 부모님을 모시고 떠난 여행, 어린이와 함께하는 여행일 경우 픽업 서비스 이용을 권장한다. 호이안, 오행산, 바나 힐까지도 가능하며, 심야 시간대가 더 비싸다. 3인승, 5인승, 12인승 중 선택.

픽업 차량 예약
클룩 www.klook.com | 와그 www.waug.com |
케이케이데이 www.kkday.com

호텔 셔틀버스

호텔에서 운영하는 셔틀버스 예약. 호텔에서 운영하는 교통수단이라 가격이 다소 비싼 편이다.

공항에서 호이안 가기

다낭국제공항에서 호이안으로 가는 것도 어렵지 않다. 호이안 구시가지까지 약 30킬로미터, 넉넉히 50분 정도 소요된다. 새벽녘엔 40분이 채 되기 전에 도착할 때도 있다. 호이안 이동도 위에 소개한 4가지 방법 중 하나를 고르면 오케이!

빠르고 편한 교통편, 그랩 부르는 법

그랩은 우리나라의 '카카오 택시'와 비슷한 서비스다. 목적지를 지정하면 가까이 있는 차량을 배정해준다. 운전기사의 이름과 차량 번호, 차종 등의 정보를 제공한다. 출발지부터 목적지까지의 요금도 미리 확인할 수 있어서 안심! 차량 호출부터 탑승, 결제까지 거의 모든 게 시스템화되어 있다. 요금 관련 이슈로 머리 아플 일이 없는 게 보통이다.

1 그랩 앱 다운로드

구글 플레이 또는 앱 스토어에서 'grab' 또는 'grab taxi'를 검색.

2 회원 가입

페이스북 계정이나 구글 계정, 휴대전화 번호로 회원 가입을 할 수 있다.

3 목적지 입력

GPS 기능으로 자동 설정된 출발 지점이 맞는지 확인하고 목적지를 입력한다.

4 요금 확인

설정된 루트와 요금을 확인한 뒤 'Book' 버튼을 누른다.

5 차량 배정

'Finding you a nearby driver.' 가까이 있는 운전자를 찾아준다.

6 탑승

차량 정보, 운전기사의 얼굴이 나온다. 차량이 도착하면 정보 확인 후 탑승!

7 결제

사전에 등록한 신용카드로 요금이 결제된다. 베트남 동으로 현금 결제도 가능.

8 평가

운행 후에는 별점을 매겨 운행에 대해 평가할 수 있다.

그랩 차량 종류

❶ **그랩 카** | 4인승과 7인승, 인원수에 맞게 호출하면 된다.
❷ **그랩 바이크** | 오토바이도 부를 수 있다. 혼자 이동할 때만 가능.
❸ **그랩 카 플러스** | 고급 차종이 등장한다.
❹ **저스트 그랩** | 그랩 카 또는 택시 중 랜덤으로 배정된다.

다낭·호이안 주요 여행지 간 소요 시간

후에

응우옌 왕조의 수도였다. 후에의 볼거리는 왕궁과 황제들의 무덤. 성곽 안에는 당시의 생활상이 드러나는 건축물이 보존돼 있다.

▲ 후에 방면
다낭 미케 비치에서 약 100km, 2시간 10분 소요

❷ 다낭국제공항

시내와의 접근성이 탁월하다. 택시 또는 그랩을 타고 공항을 빠져나올 것.

❶ 바나 힐

해발 1,487미터 높이에 조성했던 힐 스테이션. 현재는 이국적인 테마파크로 변신했다. 케이블카를 타고 산 꼭대기로 올라간다.

약 30km, 50분 소요

미썬

참파 왕국의 유적지. 우거진 숲속, 수 세기에 걸쳐 지은 사원과 탑들이 있다. 규모는 작지만 역사적 가치가 상당하다.

▼ 미썬 방면
호이안 구시가지에서 약 40km, 1시간 10분 소요

❸ 다낭 시내

다낭 대성당 등 주요 볼거리 대부분이 이 주변에 몰려 있다.

❹ 린응 사원

선짜 반도, 바다가 보이는 산중턱에 놓인 불교 사원. 해수 관음상을 모셨다.

약 8km, 15분 소요

약 3.2km, 7분 소요

약 3km, 10분 소요

약 5km, 15분 소요

❺ 미케 비치

미국의 경제 전문지 〈포브스〉가 선정한 세계 6대 해변에 이름을 올렸다.

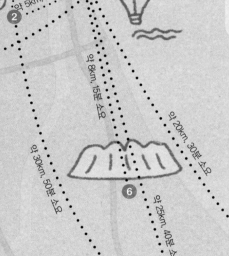

약 8km, 15분 소요

약 20km, 30분 소요

약 25km, 40분 소요

약 30km, 50분 소요

❻ 오행산

5개의 산. 동양 철학 오행에서 따온 이름을 각각의 산에 붙였다. 사원과 동굴, 베트남 전쟁의 흔적 등을 발견할 수 있다.

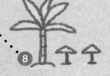

❼ 호이안 구시가지

한때 무역으로 이름을 알렸던 도시. 옛 모습이 그대로여서 1999년 유네스코 세계문화유산으로 지정됐다.

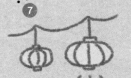

❽ 안방 비치

해변을 따라 레스토랑과 바가 있다. 놀고먹기 딱 좋은 해변.

일정 짧아도 핵심 볼거리는 다 챙긴다
＼ 다낭·호이안 꽉 찬 4박 6일 코스 ／

다낭행 비행기는 야간 비행이 많다. 느지막이 출발해 밤늦게 혹은 새벽 시간에 도착하는 항공편이 다수.
본격적인 일정은 둘째 날부터. 다낭과 호이안의 핵심 볼거리를 몽땅 챙기는 알찬 코스다.

DAY 1
비행

비행기로 4시간 40분
❶ 인천국제공항 ▸ ❷ 다낭국제공항 ▸ ❸ 다낭 숙소 1박

DAY 2
다낭 시내
린응 사원

도보 4분
❶ 다낭 대성당
p100

도보 2분 
❷ 한 시장
p98

차로 10분 
❸ 콩 카페
p132

차로 4분 
❹ 반쎄오 바즈엉
p122

차로 5분 
❺ 참 조각 박물관
p102

차로 12분 
❻ 미케 비치
p96

차로 18분 
❼ 린응 사원
p107

차로 6분 
❽ 람 비엔 레스토랑
p120

❾ 롯데마트 다낭
p146

❿ 다낭 숙소 2박

DAY 3
바나 힐

차로 50분
❶ 바나 힐
p112

도보 5분 
❷ 핑크 스파
p149

도보 2분 
❸ 돔돔 팜
p144

도보 7분 
❹ 피자 포피스
p128

❺ 브릴리언트 탑 바
p143

❻ 호텔 수영장

❼ 다낭 숙소 3박

DAY 4
후에

차로 8분
❶ 후에 왕궁
p259

차로 16분
❷ 티엔무 사원
p264

차로 14분
❸ 뜨득 황제릉
p266

차로 2시간 10분
❹ 카이딘 황제릉
p267

차로 6분
**❺ 레드 스카이 바 &
레스토랑** p122

❻ 루나 펍
p141

❼ 다낭 숙소 `4박`

DAY 5
호이안

차로 18분
❶ 호이안 바구니 배
p200

도보 3분
❷ 모닝 글로리
p208

도보 1분
❸ 내원교
p181

도보 1분
❹ 풍흥 고가
p183

도보 3분
❺ 광둥 회관
p192

도보 4분
❻ 파이포 커피
p220

차로 50분
❼ 호이안 야시장
p196

❽ 다낭국제공항

DAY 6
비행

비행기로 4시간 40분
❶ 다낭국제공항

❷ 인천국제공항

☑ **숙소 예약 팁**
☑ **이런 사람에게 좋아요!**

볼거리에 집중, 숙소에 머물 시간이 많지 않다. 3~4성급 호텔 추천!
체력이 좋고 쉼 없이 돌아다니는 걸 즐기는 2030 여행자

같이 가야 진짜 효도! 부모님 모시고 가는
＼ 다낭·호이안 효도 여행 4박 5일 코스 ／

부모님을 모시고 떠나는 효도 여행인 만큼 계획을 철저히 하자.
관광과 휴식이 적절하게 조화를 이루어야 한다. 음식은 되도록 익숙하고 무난한 메뉴 위주로.

DAY 1
비행
다낭 시내

비행기로 4시간 40분	차로 14분	차로 3분	도보 5분
❶ 인천국제공항	❷ 다낭국제공항	❸ 퍼 홍 p119	❹ 한 시장 p98

도보 6분	차로 7분	차로 5분	차로 2분
❺ 다낭 대성당 p100	❻ 콩 카페 p132	❼ 참 조각 박물관 p102	❽ 미케 비치 p96

❾ 냐항 베안 p131 ❿ 다낭 숙소 1박

DAY 2
바나 힐
다낭 시내

차로 50분	차로 10분		
❶ 바나 힐 p112	❷ 바빌론 스테이크 가든 2호점 p129	❸ 사왓디 스파 p151	❹ 다낭 숙소 2박

DAY 3
다낭 시내
린응 사원

① 호텔 수영장

차로 16분
② 냐벱
p125

차로 22분
③ 린응 사원
p107

차로 4분
④ 샬렘 스파 가든
p150

⑤ 롯데마트 다낭
p146

⑥ 다낭 숙소 3박

DAY 4
미썬
호이안

차로 1시간 10분
① 미썬
p204

도보 3분
② 내원교
p181

도보 2분
③ 모닝 글로리
p208

차로 18분
④ 못 호이안
p226

차로 18분
⑤ 호이안 바구니 배
p200

도보 3분
⑥ 리칭아웃 티하우스
p221

⑦ 호이안 야시장
p196

⑧ 호이안 숙소 4박

DAY 5
안방 비치
비행

도보 1분
① 안방 비치
p198

차로 40분
② 더 데크 하우스
p231

비행기로 4시간 40분
③ 다낭국제공항

④ 인천국제공항

☑ **숙소 예약 팁**
☑ **이런 사람에게 좋아요!**

효도 여행인 만큼 확실하게 준비하자! 4 · 5성급 리조트나 호텔
부모님을 모시고 떠나는 가족 여행자

욕심내지 않고 여유롭게 즐기는
╲ 다낭·호이안 아이랑 3박 5일 코스 ╱

여행길이 고행길로 바뀌는 경험을 하고 싶지 않다면 일정은 최대한 느슨하게 잡아야 한다.
후끈한 6월부터 8월 사이 방문할 예정이라면 더욱! 호텔 수영장에 오래 머물자.

DAY 1
비행

비행기로 4시간 40분

❶ 인천국제공항

❷ 다낭국제공항

❸ 다낭 숙소 1박

DAY 2
다낭 시내

❶ 호텔 수영장

도보 4분

❷ 다낭 대성당
p100

차로 10분

❸ 쩌 비엣
p117

❹ 빅씨 다낭
p147

❺ 다낭 숙소 2박

DAY 3
바나 힐
다낭 시내

차로 50분

❶ 바나 힐
p112

차로 4분

❷ 미케 비치
p96

❸ 노아 스파
p152

❹ 다낭 숙소 3박

DAY 4
호이안 구시가지

❶ 호텔 수영장

도보 7분

❷ 미스 리
p214

도보 1분

❸ 내원교
p181

도보 3분

❹ 호이안 로스터리
p224

차로 50분

❺ 호이안 야시장
p196

❻ 다낭국제공항

DAY 5
비행

비행기로 4시간 40분

❶ 다낭국제공항

❷ 인천국제공항

아이랑 놀기 좋은 리조트 4

멜리아 다낭

빈펄 리조트 & 스파 다낭

하얏트 리젠시 다낭 리조트 & 스파

푸라마 리조트 다낭

☑ **숙소 예약 팁** 수영장이 넓은 5성급 리조트 추천
☑ **이런 사람에게 좋아요!** 미취학 아동과 함께하는 가족 여행자

혼자라도 괜찮아
＼ 다낭·호이안 나 홀로 3박 4일 코스 ／

삼삼오오 여럿이 함께인 휴양지를 혼자 여행하는 것, 마음만 단단히 먹으면 그리 어렵지 않다.
'혼밥'이 익숙하지 않은 여행자라면 한국인이 심하게 몰리는 레스토랑, 카페는 살짝 피하도록!

DAY 1
비행
다낭 시내

비행기로 4시간 40분
❶ 인천국제공항

차로 12분
❷ 다낭국제공항

도보 6분
❸ 보네 쿽민
p121

도보 4분
❹ 다낭 대성당
p100

도보 6분
❺ 한 시장
p98

❻ 즈아 벤쩨 190 박당
p138

❼ 다낭 숙소 `1박`

DAY 2
다낭 시내

차로 12분
❶ 미케 비치
p96

차로 17분
❷ 린응 사원
p107

도보 10분
❸ 퍼 비엣 끼에우
p118

차로 12분
❹ 식스 온 식스 카페
p137

차로 12분
❺ 오행산
p108

차로 8분
❻ 엘 스파
p151

❼ 롯데마트 다낭
p146

❽ 다낭 숙소 `2박`

DAY 3
호이안 구시가지

도보 6분

❶ 내원교
p181

도보 1분

❷ 푸젠 회관
p190

도보 1분

❸ 짠꽁 사원
p185

도보 11분

❹ 호이안 시장
p186

도보 5분

❺ 그릭 수블라키
p215

도보 15분

❻ 팔마로사 스파
p238

도보 2분

❼ 호이안 전통 예술
공연 극장 p182

도보 7분

❽ 앨리 아티스트
하우스 p224

도보 8분

❾ 호이안 야시장
p196

❿ 시 쉘
p212

⓫ 호이안 숙소 `3박`

DAY 4
안방 비치
비행

차로 4분

❶ 사운드 오브 사일
런스 커피 p230

차로 12분

❷ 안방 비치
p198

차로 45분

❸ 딩고 델리
p228

비행기로 4시간 40분

❹ 다낭국제공항

❺ 인천국제공항

☑ **숙소 예약 팁**   가심비 좋은 3~4성급 숙소로 선택해 경비를 아끼자
☑ **이런 사람에게 좋아요!**   나홀로 여행자

바쁜 일상은 잠시 내려놓고 힐링
╲ 다낭·호이안 느긋한 3박 5일 코스 ╱

역시 밤 비행 기준. 빡빡한 일정 대신 여유로운 일정들로 채웠다.
둘째 날은 호텔 수영장에서 느긋하게 시간을 보내고 나서 움직이자.

DAY 1
비행

비행기로 4시간 40분

❶ 인천국제공항

❷ 다낭국제공항

❸ 다낭 숙소 1박

DAY 2
다낭 시내

❶ 호텔 수영장

차로 6분
❷ 마담 란
p124

차로 10분
❸ 다낭 대성당
p100

도보 3분
❹ 센 부티크 스파
p148

차로 8분
❺ 버거 브로스
p126

❻ 롯데마트 다낭
p146

❼ 다낭 숙소 2박

DAY 3
호이안 구시가지

도보 2분
❶ 내원교
p181

도보 6분
❷ 리칭 아웃 티 하우스
p221

도보 15분
❸ 호이안 시장
p186

도보 1분
❹ 호로꽌
p215

도보 16분   도보 2분   도보 5분

⑤ 호이안 등불 만들기 클래스 p201

⑥ 민속 문화 박물관 p193

⑦ 화이트 마블 와인 바 p232

⑧ 호이안 야시장 p196

⑨ 호이안 숙소 3박

DAY 4
안방 비치

차로 15분   차로 7분   차로 40분

❶ 호이안 바구니 배 p200

❷ 호이안 쿠킹 클래스 p188

❸ 안방 비치 p198

❹ 안 지아 코티지 p218

❺ 다낭국제공항

DAY 5
비행

비행기로 4시간 40분

❶ 다낭국제공항

❷ 인천국제공항

☑ **숙소 예약 팁**
☑ **이런 사람에게 좋아요!**

일정이 여유롭다. 바닷가에 놓인 5성급 리조트에 묵어도 아깝지 않을 듯!
힐링이 필요한 직장인, 오붓한 시간을 보내고 싶은 커플

다낭 · 호이안 여행이 두 번째라면
＼ 호이안에 집중하는 3박 5일 코스 ／

다낭 중심으로 여행하고 호이안에서는 당일치기 혹은 1박만 했다가 아쉬워하는 사람을 여럿 봤다.
첫 방문이 아니라면 매력 넘치는 호이안에만 집중하는 것도 만족스럽다.

DAY 1
비행

비행기로 4시간 40분
❶ 인천국제공항　　❷ 다낭국제공항　　❸ 호이안 숙소 1박

DAY 2
호이안 구시가지

도보 1분
❶ 내원교
p181

도보 6분
❷ 풍흥 고가
p183

도보 2분
❸ 푸젠 회관
p190

도보 2분
❹ 호이안 시장
p186

도보 1분
❺ 민속 문화 박물관
p193

도보 5분
❻ 선데이 인 호이안
p234

도보 3분
❼ 퍼 리엔
p210

차로 5분
❽ 에스프레소
스테이션 p225

차로 11분
❾ 판다누스 스파
p237

도보 4분
❿ 룬 퍼포밍 센터
호이안 p202

도보 7분
⓫ 호이안 야시장
p196

도보 5분
⓬ 포 쓰아
p209

⓭ 다이브 바
p233

⓮ 호이안 숙소 2박

DAY 3
미썬
안방 비치

차로 1시간
❶ 미썬
p204

차로 18분
❷ 탄하 테라코타 파크
p203

도보 1분
❸ 소울 키친
p219

차로 10분
❹ 안방 비치
p198

차로 6분
❺ 화이트 로즈 스파
p236

도보 3분
❻ 더 힐 스테이션
p229

❼ 반미 프엉
p209

❽ 호이안 숙소 3박

DAY 4
호이안

❶ 호이안 바구니 배
p200

차로 20분
❷ 호이안 쿠킹 클래스
p188

도보 7분
❸ 코랄 스파
p239

도보 2분
❹ 코코박스 주스
바 & 카페 p222

차로 50분
❺ 시크릿 가든
p213

❻ 다낭국제공항

DAY 5
비행

비행기로 4시간 40분
❶ 다낭국제공항

❷ 인천국제공항

☑ **숙소 예약 팁**
☑ **이런 사람에게 좋아요!**

호이안의 호텔들은 대체로 가성비가 좋다. 4성급 숙소도 엄지 척!
다낭 · 호이안이 두 번째 방문인 여행자

SIGHTSEEING   RESTAURANT   CAFE   NIGHTLIFE   SHOPPING   MASSAGE & SPA   RESORT & HOTEL

PART 3

다낭

ĐÀ NẴNG

다낭 전도

린응 사원 방향
Chùa Linh Ứng

AH17

AH17

미케 비치 북쪽

한강
Sông Hàn

노보텔 다낭 프리미어 한 리버
Novotel Danang Premier Han River

한강교
Cầu Sông Hàn

한 시장
Chợ Hàn

노보텔 주변

한 시장 주변

Biển Đông Việt Nam

Võ Nguyên Giáp

Phạm Văn Đồng

N

500m

0

Biển Đông Việt Nam

오행산 방향
Ngũ Hành Sơn

Võ Nguyên Giáp

미케 비치
Bãi biển Mỹ Khê

Phan Tứ

Hồ Xuân Hương

Nguyễn Văn Thoại

AH17

Võ Văn Kiệt

선 월드 다낭 원더스(아시아 파크)
Sun World Danang Wonders(Asia Park)

띠엔선교
Cầu Tiên Sơn

용교
Cầu Rồng

쩐티리교
Cầu Trần Thị Lý

한강
Sông Hàn

한강
Sông Hàn

한강
Sông Hàn

롯데마트 다낭
Lotte Mart Đà Nẵng

미케 비치 남쪽

Giao xứ Chinn Toà Đà Nẵng

바나 힐 방향
Bà Nà Hills

5군구 박물관
Bảo Tàng Khu 5

살렘 스파 가든
Salem Spa Garden

Duy Tân

Nguyễn Văn Linh

Nguyễn Hữu Thọ

Xô Viết Nghệ Tĩnh

Nguyễn Hữu Thọ

다낭국제공항
Sân Bay Quốc Tế Đà Nẵng

노보텔 주변

N

0   200m

Nguyễn Văn Thủ

Như Nguyệt

Đường Nguyễn Tất Thành

Thanh Thủy

Thanh Long

Đường 3 Tháng 2

루비 하우스 호텔 & 아파트먼트
Ruby House Hotel & Apartment

스테이 호텔
Stay Hotel

Đường Hải Sơn

신투어리스트 여행사
The Sinh Tourist Đà Nẵng

한강
Sông Hàn

뉴 오리엔트 호텔 다낭
New Orient Hotel Danang

마담 란
Madame Lân

동다 시장
Chợ Đồng Đa

Đồng Đa

젠 다이아몬드 스위트 호텔
Zen Diamond Suites Hotel

Đường Trần Phú

Bạch Đằng

Lý Thường Kiệt

루나 펍
Luna Pub

버거 브로스
Burger Bros

루남 비스트로
Runam Bistro

Hải Hồ

다낭 1975
Danang 1975

다낭 수비니어
Danang Souvenirs

Lý Tự Trọng

Đồng Đa

퍼 홍
Phở Hồng

노보텔 다낭
프리미어 한 리버
Novotel Danang
Premier Han River

Cao Thắng

Lý Tự Trọng

지 커피 & 호스텔
Zi Coffee & Hostel

다낭 시청사
Trung Tâm Hành Chính
Thành Phố Đà Nẵng

스카이 바 36
Sky Bar 36

Ba Đình

하노이 쓰어
Hà Nội Xưa

다낭 박물관
Bảo Tàng Đà Nẵng

나항 랑응에
Nhà Hàng Làng Nghệ

Lê Lai

Quang Trung

다낭 페트로 호텔
Danang Petro Hotel

Đồng Đa

분짜까 109
Bún Chả Cá 109

Nguyễn Chí Thanh

Đường Trần Phú

Bạch Đằng

Quang Trung

다낭종합병원
Bệnh Viện Đa Khoa Đà Nẵng

Hải Phòng

미꽝 1A
Mì Quảng 1A

Lê Lợi

한강
Cầu Sôn

다낭 기차역
Ga Đà Nẵng

Lê Duẩn

Lê Duẩn

Lê Duẩn

한강교
Cầu Sông Hàn

Lê Duẩn

다낭 미술관
Bảo Tàng Mỹ Thuật Đà Nẵng

Lê Duẩn

머이 커피 & 바
Mây Coffee & Bar

봉 빠 베이커리 & 커피
Bonpas Bakery & Coffee

보네 꿕민
Bò Né Quốc Minh

미 AA 해피 브레드
Mi AA-Happy Bread

쭝 응우옌 레전드 카페
Trung Nguyên Legend Café

더 커피 하우스
The Coffee House

콩 카페
Cộng Cà Phê

장
Cồn

케이 마트
K-Mart

미 AA 해피 브레드
Mi AA-Happy Bread

한 시장
Chợ Hàn

다낭
C Đà Nẵng

Hùng Vương

워터프론트 바 & 레스토랑
Waterfront Bar & Restaurant

선 리버 호텔
Sun River Hotel

사노우바 다낭
Sanouva Danang Hotel

다낭 대성당
Giáo Xứ Chính
Tòa Đà Nẵng

핑크 스파
Pink Spa

Đoàn Thị Điểm

다낭 수비니어 & 카페
Danang Souvenirs & Café

브릴리언트 호텔
Brilliant Hotel

불러바드 젤라토 & 커피
Boulevard Gelato & Coffee

퍼 박하이
Phở Bắc Hải

브릴리언트 탑 바
Brilliant Top Bar

퍼 29
Phở 29

쩌 비엣
Tre Việt

즈아 벤쩨 190 박당
Dừa Bến Tre
190 Bạch Đằng

메모리 호스텔
Memory Hostel

껌가 아하이
Cơm Gà A Hải

Thái Phiên

밤부 2 바
Bamboo 2 Bar

Lê Hồng Phong

그린 플라자 호텔
Green Plaza Hotel

분짜까 109
Bún Chả Cá 109

문라이트 다낭 호텔
Moonlight Danang Hotel

Dường Hoàng Văn Thụ

꼬마이
Cỏ May

돔돔 팜 Đom Đóm Farm

페바 초콜릿
Pheva Chocolate

피자 포피스
Pizza 4P's

한강
Sông Hàn

디아트 초콜릿
D'Art Chocolate

레드 스카이 바 & 레스토랑
Red Sky Bar & Restaurant

용교
Cầu Rồng

Nguyễn Văn Linh

Nguyễn Văn Linh

Nguyễn Văn Linh

미티사 호텔
Mitisa Hotel

더 커피 하우스
The Coffee House

참 조각 박물관
Bảo Tàng Nghệ
Thuật Điêu Khắc Chăm

머큐리 부티크 호텔 다낭
Mercury Boutique Hotel Danang

봉 빠 베이커리 & 커피
Bonpas Bakery & Coffee

반쎄오 바즈엉
Bánh Xèo Bà Dưỡng

Nguyễn Trường Tộ

N

0   100m

한 시장 주변

사왓디 스파
Sawasdee Spa

Chu Văn An

091

미케 비치 북쪽

시타딘 블루 코브 다낭
Citadines Blue Cove Danang

린응 사원
Chùa Linh Ứng

인터컨티넨탈 다낭 선 페닌슐라 리조트
Intercontinental Danang Sun Peninsula Resort

Lê Đức Thọ

Cầu Thuận Phước

Chu Huy Mân

Chu Huy Mân

AH17

그랜드 골드 호텔 다낭
Grand Gold Hotel Danang

라 리사 호텔
La Risa Hotel

Hoàng Sa

시쇼어 호텔 & 아파트먼트
Seashore Hotel & Apart

Nguyễn Huy Chương

한강
Sông Hàn

Dương Trần Hưng Đạo

AH17

카니 비치 하우스
Cani Beach House

하이싼 베만
Hải Sản Bé Mận

꾸어 비엔 꽌
Cua Biển Quán

퓨전 스위트 다낭 비치
Fusion Suites Danang Beach

더 블로섬 시티 호텔
The Blossom City Hotel

하카 호텔 & 아파트먼트
Haka Hotel & Apartment

알타라 스위트
Altara Suites

Võ Nguyên Giáp

노니 스파
Noni Spa

Biển Đông Việt Na

존 부티크 빌라
John Boutique Villa

Dương Trần Hưng Đạo

브릴리언트 마제스틱 빌라 호텔
Brilliant Majestic Villa Hotel

한강교
Cầu Sông Hàn

바빌론 스테이크 가든
Babylon Steak Garden

하다나 부티크 호텔
Hadana Boutique Hotel

Phạm Văn Đồng

아디나 호텔
Adina Hotel

Phạm Văn Đồng

알 라 카르트 호텔 다낭 비치
A La Carte Danang Beach

빈펄 콘도텔 리버프런트 다낭
Vinpearl Condotel Riverfront Danang

노아 스파
Noah Spa

냐항 베안
Nhà Hàng Bé Anh

만딜라 비치 호텔
Mandila Beach Hotel

케이 마트
K-Mart

카꽁 카페 Ka Cộng Café

메리 랜드 호텔
Merry Land Hotel

패밀리 인디안 레스토랑
Family Indian Restaurant

파리스 델리 다낭 비치 호텔
Paris Deli Danang Beach Hote

한강
Sông Hàn

그린 하우스 호텔
Green House Hotel

미케 비치
Bãi biển Mỹ Khê

Dương Trần Hưng Đạo

모나르케 호텔
Monarque Hotel

용두어신 조각상
Tượng Cá Chép Hóa Rồng

다낭 리버사이드 호텔
Danang Riverside Hotel

Võ Văn Kiệt

N

용교
Cầu Rồng

산 마리노 부티크 다낭
San Marino Boutique Danang

0   500m

퀸 스파
Queen Spa

그랜드 투란 호텔 다낭
Grand Tourane Hotel Danang

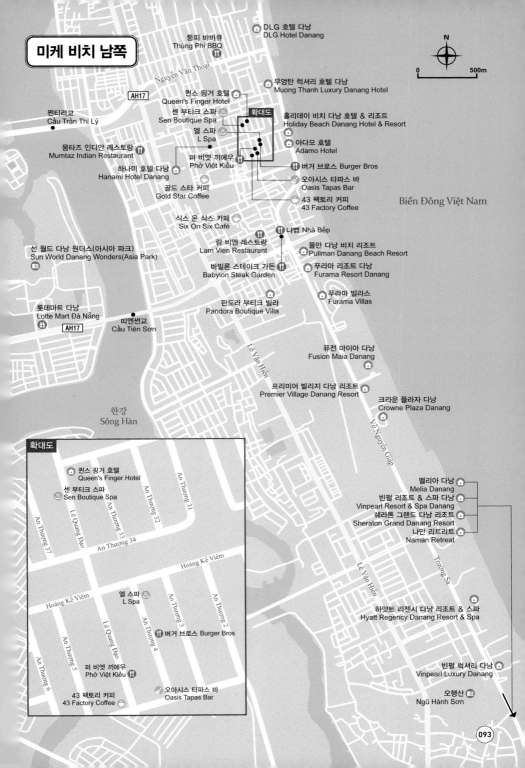

미케 비치 남쪽

DLG 호텔 다낭
DLG Hotel Danang

퉁피 바비큐
Thùng Phi BBQ

Nguyễn Văn Thoại

AH17

무엉탄 럭셔리 호텔 다낭
Muong Thanh Luxury Danang Hotel

퀸스 핑거 호텔
Queen's Finger Hotel

센 부티크 스파
Sen Boutique Spa

쩐티리교
Cầu Trần Thị Lý

확대도

홀리데이 비치 다낭 호텔 & 리조트
Holiday Beach Danang Hotel & Resort

엘 스파
L Spa

아다모 호텔
Adamo Hotel

뭄타즈 인디안 레스토랑
Mumtaz Indian Restaurant

퍼 비엣 끼에우
Phở Việt Kiều

버거 브로스 Burger Bros

하나미 호텔 다낭
Hanami Hotel Danang

오아시스 타파스 바
Oasis Tapas Bar

골드 스타 커피
Gold Star Coffee

43 팩토리 커피
43 Factory Coffee

Biển Đông Việt Nam

식스 온 식스 카페
Six On Six Café

냐벱 Nhà Bếp

람 비엔 레스토랑
Lam Vien Restaurant

풀만 다낭 비치 리조트
Pullman Danang Beach Resort

선 월드 다낭 원더스(아시아 파크)
Sun World Danang Wonders(Asia Park)

바빌론 스테이크 가든
Babylon Steak Garden

푸라마 리조트 다낭
Furama Resort Danang

롯데마트 다낭
Lotte Mart Đà Nẵng

AH17

띠엔썬교
Cầu Tiên Sơn

판도라 부티크 빌라
Pandora Boutique Villa

푸라마 빌라스
Furama Villas

뮤전 마이아 다낭
Fusion Maia Danang

Lê Văn Hiến

프리미어 빌리지 다낭 리조트
Premier Village Danang Resort

크라운 플라자 다낭
Crowne Plaza Danang

한강
Sông Hàn

Võ Nguyên Giáp

멜리아 다낭
Melia Danang

빈펄 리조트 & 스파 다낭
Vinpearl Resort & Spa Danang

쉐라톤 그랜드 다낭 리조트
Sheraton Grand Danang Resort

나만 리트리트
Naman Retreat

확대도

퀸스 핑거 호텔
Queen's Finger Hotel

센 부티크 스파
Sen Boutique Spa

An Thượng 31

An Thượng 37

An Thượng 33

An Thượng 32

Lê Quang Đạo

An Thượng 34

Hoàng Kế Viêm

Trường Sa

Lê Văn Hiến

엘 스파
L Spa

An Thượng 3

An Thượng 2

Hoàng Kế Viêm

하얏트 리젠시 다낭 리조트 & 스파
Hyatt Regency Danang Resort & Spa

Lê Quang Đạo

버거 브로스 Burger Bros

An Thượng 4

An Thượng 5

퍼 비엣 끼에우
Phở Việt Kiều

빈펄 럭셔리 다낭
Vinpeari Luxury Danang

An Thượng 6

오아시스 타파스 바
Oasis Tapas Bar

43 팩토리 커피
43 Factory Coffee

오행산
Ngũ Hành Sơn

다낭 시내 교통편

택시

여러 회사의 택시가 다낭 시내를 누비고 있다. 회사마다 운임과 요금이 약간 다르지만, 전체적으로 비슷한 수준이다. 초록색 택시 마이린 Mai Linh, 하얀색 택시 비나선 Vinasun 등이 믿을 만한 택시 회사로 꼽힌다. 택시 요금은 베트남 동, 현금으로 낸다.

마이린 Mai Linh 0236-3565-656
비나선 Vinasun 0236-3686-868

다낭에서 택시 이용 시 주의사항

❶ 미터기가 켜졌는지 확인할 것. 불필요하게 돌아가는 걸 막기 위해 구글 맵스 앱을 켜서 루트를 살펴야 한다.
❷ 간혹 거스름돈을 주지 않는 경우가 있다. 아주 적은 돈은 팁으로 쳐도 괜찮다. 정확한 계산을 원한다면 나온 요금에 맞춰 금액을 지불하는 게 상책.
❸ 이건 별 다섯 개! 중요한 이야기다. 택시 미터기에 표시되는 요금은 숫자 '0' 세 개가 생략된 것이다. '65.0'이라고 찍혀 있다면 6만5천 동을 지불하면 된다. 이를 이용해 과한 금액을 요구하는 사례가 종종 있다. 낯선 화폐, 헷갈리는 틈을 타서 65만 동을 순식간에 채간다. 아주 흔한 사기 수법.
❹ 영어 소통이 원활하지 않다. 목적지를 말해도 성조와 발음의 차이로 알아듣지 못하는 경우가 왕왕 생긴다. 이럴 때는 구글 맵스, 여행지의 사진 등을 동원해 목적지를 보여주자.

그랩

우리나라의 카카오 택시와 흡사한 애플리케이션. 앱을 이용해 차량을 호출하고 출발지와 목적지를 알리며 결제까지 자동으로 되는 거라 간편해서 좋다. 일일이 목적지를 설명할 필요가 없고, 요금 관련 시비 붙을 일이 거의 없어 다낭을 여행하는 대다수의 여행자가 이용하는 앱. 수요도 많지만 차량 수도 많아서 적게는 1~2분, 늦어도 5분 안에는 차량이 도착한다. 린응 사원, 오행산, 바나힐, 호이안 등 먼 거리도 그랩으로 너끈히 해결 가능.

버스

총 11개의 버스 노선이 있지만 이용하는 여행자는 많지 않다. 현지인은 본인 소유의 오토바이를 애용하고, 여행자는 요금이 저렴한 택시나 편리한 그랩을 주로 이용한다. 노선에 따라 배차 간격이 10~45분가량 벌어진다. 시간을 효율적으로 써야 하는 여행자가 이용하기엔 다소 무리가 있다. 저예산, 장기 여행자에게 추천. 다낭 대성당 근처에서 1번 버스를 타면 호이안까지 간다. 자세한 버스 노선과 정류장 정보는 온라인에서 확인할 수 있다.

다낭 버스 홈페이지 www.danangbus.vn

쎄옴

오토바이 택시 쎄옴은 나 홀로 여행자에게 적합한 교통 수단. 택시나 그랩보다 요금이 저렴하다. 너무 더운 시즌 이나 거친 비가 내릴 때는 탑승이 곤란하다.

오토바이

오토바이를 몰 줄 안다면 오토바이를 빌려 다낭 시내와 근교를 자유롭게 누비는 것도 좋은 생각이다. 안전을 위 해 헬멧 착용은 필수.

오토바이 대여 업체
다낭 바이크 www.danangbikes.com | 0122-4103-610
모터비나 www.motorvina.com | 0236-3822-622

마사지 숍 픽업 차량

일부 마사지 숍에서는 픽업 서비스를 제공하기도 한다. 예약 시 픽업이 가능한지 문의.

다낭 코코베이 시티투어 버스

여느 도시마다 하나씩 있는 2층 시티투어 버스다. 하루 5천 원 정도의 금액으로 24시간 무제한 탑승. 다낭의 주 요 여행지를 거의 다 훑는다. 저렴하긴 하나 배차 간격이 30~40분, 만만치가 않다. 아직은 이용자가 많지 않아 텅 빈 채로 다니곤 한다.

1 N1 노선 (옐로우 루트) 08:15~20:45, 30분 간격
다낭국제공항, 한강교, 미케 비치, 오행산, 롯데마트, 아시아 파크
2 N2 노선 (핑크 루트) 08:50~21:00, 40분 간격
다낭국제공항, 미케 비치, 린응 사원, 용교, 한 시장, 다낭 박물관
3 N3 노선 (퍼플 루트) 10:15~20:50, 1시간 간격
호이안

미케 비치
Bãi biển Mỹ Khê

미국의 경제 전문지 〈포브스 Forbes〉가 지구상에서 가장 매력적인 6개의 해변 가운데 하나로 미케 비치를 선택했다. 평균 수온이 높고 경사가 완만한 데다 깊지 않아서 해수욕하기 좋은 건 단번에 인정. 하지만 '세계 6대 해변에 꼽혔다'는 데는 물음표를 찍을 수밖에 없었다. 맑고 투명해서 속이 훤히 들여다보이는 바다도 아닌데 "아니, 대체 왜?"하고 반문하게 만들었다. 포브스는 경제지답게 선정 기준이 조금 달랐다. 접근의 용이성을 면밀히 따졌고, 모든 방문객이 무료로 누릴 수 있는 해변인지도 살폈다. 끝없이 이어지는 부드러운 백사장, 포근한 햇빛, 수영은 물론 해양 스포츠를 즐기기에도 알맞은 파도에 점수를 후하게 쳤다. 자연재해로부터 안전한지, 저렴한 가격에 맛있는 음식을 먹을 수 있는지, 분위기가 편안한지 등의 항목에서도 높은 점수를 받았다. 다낭의 미케 비치가 이 모든 조건을 만족시키는 해변이라는 데는 이견이 없을 듯!

미케 비치를 누리기 가장 좋은 시즌은 5월부터 8월까지. 푸르름 너머 보이는 수평선과 붉게 물드는 석양은 언제나 멋스럽다. 실하게 자란 야자수가 이루는 숲 또한 싱그러운 풍경. 미케 비치 북쪽으로는 린응 사원이 놓인 선짜 반도가 든든하게 버티고 있다. 해변을 따라 남쪽으로 내려가면 논 느억 비치가 이어지는데, 이 일대에 고급 리조트 단지가 밀집돼 있다. 예산이 넉넉하고 한산함을 누리고 싶다면 남쪽을 눈여겨볼 것. 미케 비치와 마주 보는 호텔들은 대체로 옥상에 수영장을 두었다. 아담한 게 흠이라면 흠이지만 인피니티 풀 느낌이 나는 곳도 있다.

🏠주소 Võ Nguyên Giáp 일대, Đà Nẵng 🗺지도 MAP BOOK 8Ⓕ

📷 SIGHTSEEING

한 시장
Chợ Hàn

다낭 시내 한복판의 쇼핑센터 한 시장. 현지 사람들과 여행자 모두가 즐겨 찾는 시장이다. 2층짜리 넓은 건물을 통째로 쓴다. 1층에는 말린 새우나 쥐포 같은 건어물, 말린 과일, 매콤달콤한 칠리소스 등 특산품과 식재료를 취급하는 상점이 오밀조밀 모여 있다. 한편으로는 탐스러운 과일과 신선한 채소, 질 좋은 고기와 싱싱한 생선을 파는 투박한 시장이 선다. 로컬들을 위한 공간.

2층은 의류와 신발, 잡화 코너. 수백 개의 가게들이 다닥다닥 붙어 있다. 머리끝이 뾰족하게 솟은 베트남 모자, 베트남 여자의 전통 의상 아오자이 파는 가게가 즐비하다. 알록달록 고운 천들이 가게에 진열돼 있다. 마음에 드는 천을 고른 뒤 치수를 재고 나서 1시간쯤 뒤에 돌아오면 내 몸에 딱 맞는 아오자이가 완성돼 있다. 다낭에서 흔히 볼 수 있는 바나나, 수박 패턴의 의류 맞춤도 이곳에서 가능하다. 한 시장 근처의 금은방들은 귀금속을 파는 것보다 환전소 역할에 열을 올린다. 환율을 제법 잘 쳐주는 편이니 달러 환전이 필요하다면 시장 인근 금은방으로 가자.

위치 다낭 대성당에서 도보 4분 주소 119 Trần Phú, Đà Nẵng 오픈 06:00~19:00 전화 0236-3821-363 지도 MAP BOOK 7⑧

한 시장에서 뭐하지? TO DO LIST

1 아오자이 맞춤

특별한 인증샷을 위해 아오자이를 맞추자. 몸에 딱 맞게 입어야 하는 옷이어서 기장은 물론 팔과 목의 둘레까지 잰다. 상황에 따라 다르지만 한 벌당 1시간 소요. 인원이 여럿이라면 시간이 더 걸릴 수 있으니 여유 있게 움직이도록! 가격은 흥정하기 나름인데 대략 한화로 1만5천 원에서 2만5천 원 선이다.

2 라탄백 쇼핑

베트남 물가를 감안하면 대단히 저렴한 가격은 아니지만 한국에서 사는 것보다는 싸게 살 수 있다. 패션 아이템부터 인테리어 소품까지 크기와 디자인이 다채롭다. 정찰제가 아니라서 어느 정도의 흥정은 필수.

3 간식거리 구입

말린 망고나 캐슈넛 등 현지에서 먹을 간식거리 구입하기 좋다. 망고는 너무 오래 말린 것보다 적당히 말린 게 덜 딱딱하고 맛있다. 캐슈넛은 짭짤한 소금 간 되어 있는 것으로 추천. 오독오독 고소해서 술안주로 제격이다.

4 금은방 환전

달러 환전을 해야 한다면 근처 금은방을 방문하자. 미국 달러 100달러당 얼마를 내주는지 그날의 환율 확인부터! 참고로 베트남 동으로 바꿀 때는 정신을 바짝 차려야 한다. 그 자리에서 돈을 맞게 받았는지 세어본 다음 자리를 뜬다.

다낭 대성당
Giáo Xứ Chính Tòa Đà Nẵng

프랑스 식민지 시기, 다낭시에 세워진 유일한 성당이다. 다낭에 머물던 프랑스 사람들을 위해 1923년에 지었다. 고딕 양식의 디자인, 파스텔톤의 분홍빛을 띤다. 첨탑 끝에 수탉 모양의 풍향계가 달려 '수탉 성당'이라는 별칭으로도 알려져 있다. 성당 뒤편에는 성모 마리아상이 있는데 프랑스의 루르드 성모 발현지의 것을 본떠 만든 것. 여전히 활기찬 예배 장소로 사용 중이다. 일요일 10시에는 영어, 한국어 미사를 진행한다. 미사 시간에는 신자에 한해 입장 가능.

위치 한 시장에서 도보 4분 주소 156 Đường Trần Phú, Đà Nẵng 오픈 월~토요일 06:00~17:00, 일요일 11:30~13:30 전화 0236-3825-285 홈피 www.giaoxuchinhtoadanang.org 지도 MAP BOOK 7ⓓ

용교
Cầu Rồng

한강을 가로지르는 다리 중 가장 눈에 띄는 다리. 머리부터 꼬리까지 용의 형상을 하고 있다. 용교의 길이는 666미터, 너비는 37.5미터에 이른다. 다낭 해방 38주년을 기념하기 위해 2013년 3월 29일에 개통했다. 밤이 되면 화려한 조명을 비춘다. 여러 가지 색으로 시시각각 요란하게 바뀐다. 다낭을 대표하는 야경 포인트. 주말과 공휴일 밤 9시에는 철제로 만든 용의 머리에서 물과 불이 뿜어져 나온다. 이색적인 볼거리.

위치 참 조각 박물관에서 도보 2분 주소 Cầu Rồng, Đà Nẵng 지도 MAP BOOK 7ⓕ

한강교
Cầu Sông Hàn

한강에 걸친 다리, 한강교. 1997년 삽을 뜨기 시작해 2000년에 완공되었다. 한강에 놓인 다리 중 통행량이 가장 많은 다리로 베트남 최초의 도개교라 더욱 의미가 있다. 밤이 되면 덩치 큰 배가 지나갈 수 있도록 다리를 움직인다. 다리를 들어 올리는 방식이 아니라 다리 방향을 양옆으로 틀어 길을 터준다. 다리가 빙그르르 한 바퀴 도는 장면, 신기하긴 하지만 주말 늦은 밤에나 만날 수 있는 풍경이라 여행자가 보기는 쉽지 않다.

위치 한 시장에서 도보 10분 주소 Cầu Sông Hàn, Đà Nẵng 지도 MAP BOOK 7Ⓑ

용두어신 조각상
Tượng Cá Chép Hóa Rồng

용교 머리 근처, 강가에 놓인 조각상이다. 하얀 대리석을 깎아 만든 것으로 200톤 규모, 높이가 7.5미터나 된다. 머리는 용이고 몸은 물고기 형상인 용두어신의 모습. 조각 완성을 위해 수공예 마을의 숙련된 장인 30여 명이 참여했다. 몸통은 비늘로 덮여 있고 입에서는 물이 뿜어져 나온다. 평화와 번영의 상징. 싱가포르의 머라이언을 떠올리게 만드는 조형물이지만 어설픈 감이 있다. 옆으로는 붉은 조명을 매단 사랑의 다리 Cầu Tàu Tình Yêu가 이어진다.

위치 용교에서 도보 3분 주소 An Hải Trung, Đà Nẵng 지도 MAP BOOK 8Ⓔ

📷 SIGHTSEEING

참 조각 박물관
Bảo Tàng Nghệ Thuật Điêu Khắc Chăm

참 조각 박물관 설립은 프랑스 극동학원 EFEO과 프랑스의 고고학자들이 제안했다. 극동학원은 프랑스 정부가 아시아 연구를 위해 식민지였던 베트남에 설립한 연구 기관. 베트남 중부 지역을 거점으로 세력을 넓혔던 참파 왕국의 흔적들을 모았다. 참족의 유물을 모은 박물관 중에서는 가장 큰 규모. 박물관의 디자인은 프랑스 건축가가 맡았다. 1936년 대대적인 확장을 했음에도 초기 건축 양식이 잘 보존돼 있다. 박물관이 세워지기 20여 년 전부터 참족의 유물을 꾸준히 수집해 왔다. 미썬 Mỹ Sơn, 짜끼에우 Trà Kiệu, 동즈엉 Đồng Dương, 탑만 Thamp Mắm, 꽝찌 Quảng Trị, 꽝응아이 Quảng Ngãi, 빈딘 Bình Định 등에서 발굴한 수집품을 전시한다.

한때 참파 왕국의 수도였던 미썬에서 발굴한 주요 유적을 이곳으로 옮겼다. 해상 무역으로 번성했던 참족의 유적은 인도 영향을 받아 힌두교와 관련된 것이 많다. 브라흐마, 시바, 가네샤 등 힌두교 신과 제단 등 정교한 조각들이 남아 있다. 미썬에서 남쪽으로 20킬로미터가량 떨어진 동즈엉의 유적은 색채가 확연히 다르다. 사암으로 조각한 불상, 여성 보살 타라 등이 발굴됐다. 불교의 중심지, 대승 불교가 발전했던 자취를 찾을 수 있다.

위치 용교에서 도보 2분 주소 2 Đường 2 Tháng 9, Đà Nẵng 오픈 07:00~17:00 요금 6만 동 전화 0236-3572-935 홈피 www.chammuseum.vn 지도 MAP BOOK 7ⓕ

참 조각 박물관의 전시품 클로즈업

미썬 Mỹ Sơn

브라흐마 Brahma

7세기

휴식을 취하는 힌두교 유지의 신 비슈누와 연꽃에서 태어난 브라흐마 이야기를 그렸다. 양옆에 있는 가루다는 비슈누가 타고 다니는 새. 인간의 형상을 하고 있지만 새의 발톱을 가졌다.

미썬 Mỹ Sơn

시바 Shiva

7~8세기

힌두교의 3대신 중 하나, 파괴의 신이다. 이 조각상은 1903년 미썬에서 부서진 채 발견되었다. 눈에 띄는 콧수염, 두툼한 입술. 인도에서 흔히 만나는 시바의 모습과 크게 다른 얼굴.

짜끼에우 Trà Kiệu

링가 Linga or Lingam

7~8세기

시바의 남근을 상징하는 링가, 받쳐주는 건 여성의 성기 요니다. 받침의 조각에 대한 의견이 분분하다. 크리슈나의 삶이라는 주장, 서사시 라마야나 속 왕자의 결혼식이라는 설도 있다.

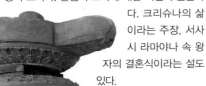

짜끼에우 Trà Kiệu

압사라 Apsara

7~8세기

무희나 악사의 모습으로 나타나는 압사라. 춤을 추는 압사라와 인도 전통 악기인 비나를 연주하는 음악가를 묘사했다. 압사라의 목과 팔, 허리가 구슬로 화려하게 장식돼 있다.

동즈엉 Đồng Dương

타라 Tara

9~10세기

티베트 불교에서 섬기는 타라. 대승 불교에서는 여성 보살로 표현된다. 1978년 현지인에 의해 발견된 청동 불상이다. 참족이 불교의 영향을 받았다는 증거. 보존을 위해 복제품을 전시한다.

동즈엉 Đồng Dương

드바라팔라 Dvarapala

9~10세기

사원 입구를 지키는 든든한 수호신 드바라팔라. 9~10세기 동즈엉에서 발견된 것으로 반신반인의 모습이다. 눈을 부릅뜨고 송곳니를 드러내 사납고 드세 보이는 인상을 가졌다.

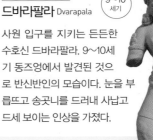

다낭 시청사

Trung Tâm Hành Chính Thành Phố Đà Nẵng

다낭에서 가장 높은 건물로 랜드마크 역할을 한다. 한국의 건설회사 무영건축에서 지은 것. 강한 바람의 저항을 덜어 주기 위해 원형으로 지었고 360도 조망이 가능하도록 설계했다. 다낭의 미래를 밝혀주었으면 하는 바람을 담아 등대를 모티브로 했다. 길쭉하고 둥글둥글한 모양 때문에 다낭 사람들은 종종 옥수수라 부르기도. 여행자가 이용할 수 있는 시설은 아니지만, 오며 가며 눈에 띄는 건물이라 궁금해하는 사람이 분명 있을 것 같아서 몇 자 적었다.

위치 다낭 박물관에서 도보 1분 주소 24 Lý Tự Trọng, Đà Nẵng 지도 MAP BOOK 6ⓓ

다낭 미술관

Bảo Tàng Mỹ Thuật Đà Nẵng

3층 규모로 회화와 조각 등 수백여 점의 예술 작품을 수집, 전시한다. 입구에 들어서면 커다란 청동 조각이 모습을 드러낸다. 한강교와 다낭 시청사, 호이안의 내원교, 참파 유적 등이 한데 어우러져 있다. 1층은 로컬 아티스트의 작품 위주로 전시한다. 2층은 현대 미술과 옻칠 공예품, 혁명과 투쟁을 주제로 한 작품들로 채웠다. 3층에서는 전통 가면 컬렉션, 목제 가구, 도자기 등 고대 미술과 전통 공예를 소개한다.

위치 꼰 시장에서 도보 8분 주소 78 Lê Duẩn, Đà Nẵng 오픈 08:00~17:00 요금 2만 동 전화 0236-3865-356 지도 MAP BOOK 7ⓐ

다낭 박물관
Bảo Tàng Đà Nẵng

다낭의 역사와 문화에 관한 2,500여 점의 문서, 사진, 유물이 전시돼 있다. 1층에는 생태계와 지리, 기후 등 자연조건에 대한 소개, 기원전부터 시작된 고대 싸후인 Sa Huỳnh 문화가 등장한다. 해상 무역이 번성했던 시절의 이야기도 들려준다. 주변국과의 무역에 사용했던 선박 모형을 재현했고 어부의 삶과 축제를 조명한다. 2층은 프랑스의 식민 통치, 독립을 위한 투쟁, 베트남 전쟁 등 굵직한 사건들을 다룬다.

위치 한강교에서 도보 8분 주소 24 Đường Trần Phú, Đà Nẵng 오픈 08:00~17:00 요금 2만 동 전화 0236-3886-236 홈피 www. baotangdanang.vn 지도 MAP BOOK 6ⓕ

5군구 박물관
Bảo Tàng Khu 5

전쟁을 테마로 한 박물관. 베트남의 주요 도시에 하나씩은 꼭 있다. 12개로 나뉜 전시 공간은 흑백 사진과 회고록 등의 자료들로 채워져 있다. 치열했던 전쟁의 현장과 참상을 보여준다. 프랑스의 식민 지배에 저항하며 독립 투쟁을 했던 내용도 전시한다. 야외 공간에는 프랑스와 미국 군대가 사용했던 비행기, 탱크, 장갑차 등 무기가 있다. 3층부터 거꾸로 내려오며 관람한다. 규모는 크지만 에어컨이 없는 낙후된 시설과 애매한 위치. 일부러 찾아갈 필요는 없다.

위치 쩐티리교에서 도보 10분 주소 Duy Tân, Đà Nẵng 오픈 07:30~11:00, 13:30~16:30 요금 2만 동 전화 0236-3624-014 지도 MAP BOOK 5ⓖ

꼰 시장
Chợ Cồn

현지인 비율이 압도적인 시장. 중부에서 손에 꼽히는 거대한 규모로 2천 명 이상의 상인이 분주한 하루를 보내고 있다. 1940년대부터 서기 시작했다. 그때는 건물이 없었고 농민과 어민들이 신선한 채소와 생선을 내다 파는 곳이었다. 1984년 대대적인 보수 공사를 마치며 지금의 모습으로 재탄생. 없는 게 없다고 할 만큼 방대한 물건들이 오가는 시장이라 구경거리는 한 시장보다 훨씬 많다. 재래시장 특유의 활기가 느껴진다. 안쪽 푸드코트도 성업 중.

[위치] 다낭 미술관에서 도보 8분 [주소] 269 Ông Ích Khiêm, Đà Nẵng [오픈] 06:00~19:30 [전화] 0236-3837-426 [지도] MAP BOOK 7Ⓐ

선 월드 다낭 원더스(아시아 파크)
Sun World Danang Wonders(Asia Park)

바나 힐을 운영하는 썬그룹 소속의 테마파크다. 1만 원 정도의 입장료만 내면 모든 시설을 자유롭게 이용 가능. 바이킹, 롤러코스터 등의 놀이기구와 모노레일을 운영한다. 한국, 중국, 태국, 인도, 싱가포르 등 아시아를 테마로 조성한 아시아 파크도 있다. 엄청난 덩치를 자랑하는 대관람차 선 휠은 높이가 상당한 데다 360도 전망을 볼 수 있어서 인기이지만, 주변이 휑한 탓에 기대만큼 훌륭한 뷰는 아니다. 무더위 때문에 오후 3시 이후 문을 연다.

[위치] 롯데마트에서 도보 15분 [주소] 1 Phan Đăng Lưu, Đà Nẵng [오픈] 15:00~22:00 [요금] 성인 20만 동, 키 1~1.3미터 어린이 15만 동, 1미터 이하 어린이 무료 [전화] 0236-3681-666 [홈피] danangwonders.sunworld.vn [지도] MAP BOOK 9Ⓒ

📷 SIGHTSEEING

린응 사원

Chùa Linh Ứng

미케 비치에서 약 10킬로미터쯤 떨어진 선짜 반도에 있다. 바다가 훤히 보이는 산 중턱. 해발 693미터 지점에 사원이 올라앉았다. 뒤로는 푸른 산이, 눈앞에는 바다가 펼쳐진다. 보호 구역으로 지정돼 산림 규제를 받는 곳. 전설에 의하면 민망 황제 때 인근 바닷가에서 부처상이 발견되었다. 길한 징조로 여긴 사람들이 이를 극진히 모셨는데 관음보살이 나타났다고. 이후 거칠었던 바다가 잔잔해져 어부들이 안전하게 조업할 수 있었다고 전해진다.

린응 사원의 간판 볼거리는 높이 67미터에 이르는 해수관음상. 베트남에서 가장 높은 것으로 알려졌다. 35미터 직경의 연꽃 위에 서 있다. 평온하고 인자한 얼굴. 해수관음상 아랫부분은 사람이 들어갈 수 있게 설계했다. '기도발' 좋기로 소문이 자자해 기도하는 사람들로 북적거린다. 사원은 전쟁 때 망가졌다가 2004년 재건을 시작해 2010년에 이르러 현재의 모습을 되찾았다. 한낮에 가면 그늘이 많지 않아 너무 덥다는 게 흠이라면 흠. 오후 3시 이후 방문을 권장한다. 밤에는 해수관음상이 라이트 업으로 환하게 밝혀진다.

위치 미케 비치에서 차로 15분 주소 Hoàng Sa, Sơn Trà, Đà Nẵng 지도 MAP BOOK 3ⓒ

오행산

Ngũ Hành Sơn

다낭 시내에서 9킬로미터, 호이안 구시가지에서 18킬로미터쯤 떨어진 데 위치한 5개의 산. 석회암과 대리석으로 이루어진 봉우리다. 대리석이 많아 '마블 마운틴'이라고도 불린다. 5개의 봉우리 이름은 목썬 Mộc Sơn, 호아썬 Hỏa Sơn, 토썬 Thổ Sơn, 낌썬 Kim Sơn, 투이썬 Thủy Sơn. 우주 만물을 이루는 5가지 원소로 물, 나무, 불, 흙, 쇠를 꼽는 동양 철학의 오행에서 따온 것이다. 해서 오행산으로 칭한다. 여행자가 쉽게 접근할 수 있는 산은 투이썬 Thủy Sơn. 5개의 봉우리 중 가장 크다. 산 위에는 동굴과 사원, 탑 등이 있다. 어린이, 노약자 상관없이 누구나 오를 수 있게 엘리베이터가 산 중턱까지 이어진다. 투이썬에 오르면 평평한 집들 사이, 산이 봉긋하게 솟은 파노라마 전경을 만난다.

위치 미케 비치에서 차로 15분 주소 52 Huyền Trân Công Chúa, Đà Nẵng 오픈 07:00~17:30 요금 입장료 4만 동, 엘리베이터 편도 1만5천 동 전화 0236-3961-114 홈피 www.nguhanhson.org 지도 MAP BOOK 9ⓕ

＼ 오행산 돌아보기, 꿀팁 ／

❶ 중간에 '천국으로 가는 길' 이정표가 보여 '갈까? 말까?' 갈등하게 되는데 추천하지 않는다. 좁고 가파른 길. 끝까지 오르면 멀리 논느억 비치의 해안선까지 보이지만 상상만큼 탁 트인 전망이 아니어서 아쉽다. 실망할 수도!

❷ 오행산은 산이지만 싸로이 탑, 린응 사원, 땀타이 사원, 후옌콩 동굴 이렇게 주요 코스만 돌아보면 아이, 어르신도 너끈히 소화할 수 있는 코스다. 암푸 동굴, 천국으로 가는 길은 노약자에게는 무리. 마음의 준비가 필요하며, 편안한 신발이 필수다.

암푸 동굴
Động Âm Phủ

천국과 지옥을 형상화한 동굴. 비좁은 계단을 따라 내려가면 음침한 지옥의 장면들이 나온다. 흉측하고 괴상한 모형들이 여기저기 널려 있어 으스스하지만 굉장히 조악하다.

논 느억 비치
Bãi biển Non Nước

오행산에서 가까운 해변은 논 느억 비치다. 미케 비치, 안방 비치와는 다른 한적한 바다. 아직 본격적으로 개발하지 않아 다소 휑하다. 일부러 찾아갈 필요는 없다. 근방의 마을엔 대리석 조각과 수공예품 만드는 공방이 많다. 거대한 불상 조각을 볼 수 있다. 과거 오행산에서 암석을 채취했지만 현재는 불법.

ZOOM IN
—
오행산 투이썬 핵심 볼거리

❻ 후옌콩 동굴
Động Huyền Không

후옌콩 동굴은 투이썬의 가장 굵
직한 볼거리. 동굴 안에 사원이 들
어앉았다. 입구는 근엄한 얼굴의
사천왕이 지킨다. 내부에는 부처
상을 모셨다. 천장이 높아 웅장한
느낌. 동굴 사이로 자연광이 스며
신비로운 분위기를 자아내는데,
베트남 전쟁 때 미국의 폭격으로
생긴 구멍 때문이다. 오행산 일대
는 치열했던 베트남 전쟁의 현장
이기도 하다. 다낭 시내 곳곳을 살
필 수 있는 높은 곳이어서 베트남
군인이 은밀하게 숨어 지내며 은
신처로 삼았다.

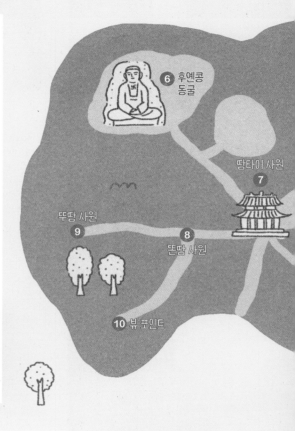

❼ 땀타이 사원
Chùa Tam Thai

후옌콩 동굴로 향하는 길목에 위치한 땀타이
사원은 1,600년대에 지은 오래된 사원. 전쟁 중
파괴되었다가 1825년 민망 황제의 명으로 복
원했다.

❷ 린응 사원
Chùa Linh Ứng

좀 더 안쪽으로 들어가면 린응 사원이 보인다. 한가운데 대웅 전이 놓인 전형적인 불교 사원. 자롱 황제 통치 기간에 아담하게 지었다가 몇 차례 보수 공사를 거쳐 현재의 모습이 되었다. 바나 힐과 선짜 반도에도 같은 이름의 사원이 있다.

③ 턴쩐 동굴

② 린응 사원

① 싸로이 탑

④ 탕통 동굴

⑪ 암푸 동굴

엘리베이터

❶ 싸로이 탑
Tháp Xá Lợi

엘리베이터에서 내려 조금만 걸어가면 7층 구조의 싸로이 탑이 나온다. 7층은 기쁨과 시기 등 다양한 인간의 감정을, 6개의 면은 눈, 귀, 코, 입 등 사람의 감각을 상징한다.

🔍 알아두세요!

싸로이 탑, 린응 사원, 땀타이 사원, 후옌 콩 동굴 등은 엘리베이터를 타고 올라가야 하지만 암푸 동굴은 출입구가 따로 트여 있다. 입장료 2만 동 별도.

바나 힐
Bà Nà Hills

해발 1,487미터 높이에 위치한 바나 힐. 녹을 듯 더운 여름에도 바나 힐은 그럭저럭 쾌적한 기후를 유지한다. '다낭 속 유럽'이라는 별명이 어색하지 않을 만큼 이국적이다. 프랑스에 발을 들인 듯. 오래전 이곳은 베트남을 식민지로 삼은 프랑스인들의 여름 휴양지였다. 혹독한 여름 날씨를 견디기 힘들었던 그들은 높은 고원에 휴양 목적의 마을을 건설 했다. 이렇게 피서지가 된 곳을 두고 힐 스테이션이라 부른다.

바나 힐은 1954년 베트남 독립선언 후 망가진 채로 방치되었다가 오늘날 베트남의 관광 수입원으로 활용되고 있다. 프랑스의 작은 소도시 느낌이다. 건물이 놀이동산처럼 어설프지 않다. 실제 유럽인이 설계하고 완성한 건축물이 다수.

위치 미케 비치에서 차로 50분 **주소** Tuyến cáp treo lên Bà Nà Hills, Đà Nẵng **오픈** 07:00~22:00 **요금** 성인 70만 동, 키 1~1.3미터 어린이 55만 동, 1미터 이하 어린이 무료 **전화** 0905-766-777 **홈피** banahills.sunworld.vn **지도** MAP BOOK 2ⓔ

🔍⁺

바나 힐에도 호텔이 있나요?

머큐어 다낭 프렌치 빌리지 바나 힐
Mercure Danang French Village Bana Hills

바나 힐 내 위치한 4성급 숙소. 앤티크 소품으로 장식된 494개의 객실이 있다. 레스토랑에서는 프랑스 와인과 치즈 등을 판다.

❶ 높은 산. 날씨 변화가 엄청나다. 산 아래가 맑아도 바나 힐의 날씨는 종잡을 수 없다. 비가 많이 오는 날에는 안 가느니만 못할 수 있으니 일기예보를 꼭 확인하자.

❷ 베트남 물가를 감안하면 입장료가 비싼 편이나, 케이블카와 놀이기구 이용료가 포함 사항이다. 볼거리도 꽤 많은 편.

＼ 시간이 넉넉하다면 여기도! ／

❶ 린응 사원 Chùa Linh Ứng
해발 1,500미터 높이에 자리 잡은 불교 사원.

❷ 쭈부 찻집 Trù Vũ Trà Quán
조용한 찻집. 베트남 북부의 전통적인 집을 모델로 삼았다. 차 한잔 기울이며 평온한 시간을!

❸ 알파인 코스터 Xe Trượt Ống
야외 공간에 구불구불 설치된 레일을 따라 내려가며 스피드를 즐기는 놀이기구. 바나 힐에서 가장 인기 있는 어트랙션이다. 줄이 길 때가 잦다.

바나 힐 여행하는 법

1 택시 또는 그랩을 대절하는 개별 여행

다낭 시내에서 약 30킬로미터 떨어진 데 있다. 차로 약 50분 소요. 택시 또는 그랩 기사들과 왕복 요금을 협의해 차량을 대절한다. 바나 힐 주차장까지 데려다주고 관람을 마칠 때까지 기다린다.

2 여행사를 통한 일일투어 프로그램

여행사를 통한 그룹 조인 투어를 이용해 바나 힐에 다녀올 수 있다. 영어 또는 한국어 가이드가 함께하며 바나 힐에 대한 설명을 해준다. 일일투어 프로그램에는 바나 힐 입장료와 점심 식사가 포함된다. 약 9시간 정도 소요되고, 요금은 4~5만 원대.

케이블카
Cáp Treo

바나 힐에 올라가려면 케이블카의 힘을 빌려야 한다. 총 길이가 5,801미터. 건설 당시에는 세계에서 가장 긴 케이블카로 기네스북에 이름을 올렸으나 지금은 2위로 밀려났다. 출발 지점과의 고도 차이가 최대 1,368미터나 된다. 스위스와 독일, 스웨덴 등에서 수입한 장비로 만든 것. 유럽 표준에 맞게 제작되었다.

ZOOM IN

바나 힐 볼거리 빅 4

㉒ 프랑스 마을
Làng Pháp

낭만이 넘치는 프랑스를 그대로 옮겨놓은 듯한 프랑스 마을. 넓은 광장을 중심으로 대성당, 호텔 등 이국적인 건물이 들어서 있다.

⑫ 르 자댕 다무르 플라워 가든
Vườn Hoa Le Jardin D'Amour

9개의 정원과 9개의 건축물을 테마로 꾸몄다. 푸릇하고 싱그러운 풍경. 맑은 날 산책에 알맞은 장소다. 사람이 많아도 너무 많다는 게 문제지만.

⑯ 골든 브릿지
Cầu Vàng

해발 1,414미터 높이에 자리한 골든 브릿지. 거대한 손이 다리를 받친 모양이다. 산 중턱에 있어 전망대 노릇을 톡톡히 한다. 길이는 약 150미터.

㉔ 린쭈어린뜨 사당
Đền Lĩnh Chúa Linh Từ

바나 힐을 지키는 수호신을 모신 곳이다. 사당은 평범하지만 여기가 바로 바나 힐 최고의 뷰 포인트. 다낭에서 가장 높은 지점으로 바나 힐의 시설들이 한눈에 담긴다.

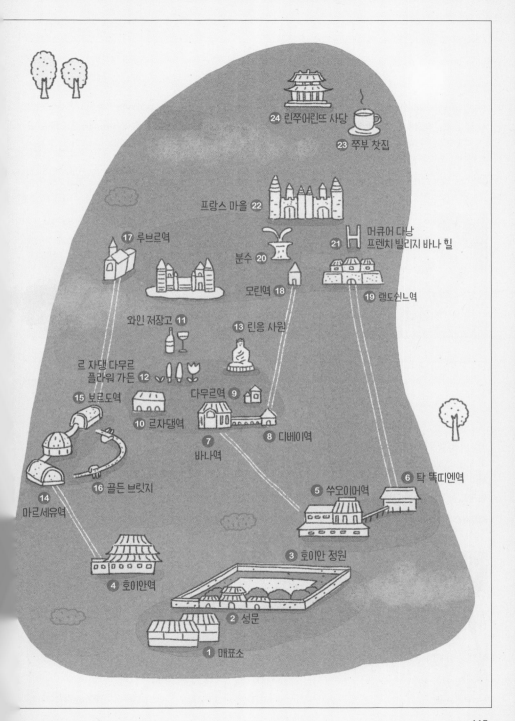

24 린쭈어린뜨 사당

23 쭈부 찻집

프랑스 마을 22

21 H 머큐어 다낭
프렌치 빌리지 바나 힐

17 루브르역

분수 20

모린역 18

19 랜도쉬느역

와인 저장고 11

13 린응 사원

르 자댕 다무르
플라워 가든 12

15 보르도역

다무르역 9

10 르자댕역

8 디베이역

7 바나역

16 골든 브릿지

6 탁 똑띠엔역

14 마르세유역

5 쑤오이머역

3 호이안 정원

4 호이안역

2 성문

1 매표소

퍼 29
Phở 29

한국인 여행자 사이에서 무난한 로컬 쌀국수집으로 소문난 퍼 29. 메뉴판 아래 영어 표기가 병기돼 있어 주문은 어렵지 않다. 로컬 식당치고 이만하면 깔끔한 편. 부드러운 소고기, 탱글탱글 빚은 미트볼 등 얹어 먹는 재료를 고를 수 있다. 부들부들한 면발, 맑고 깔끔한 국물을 자랑하는 쌀국수. 볶음밥 껌찌엔 Cơm Chiên은 더없이 익숙한 맛이다. 다른 형태의 쌀국수 요리에 도전하고 싶다면 볶음 쌀국수인 퍼싸오 Phở Xào 추천.

위치 다낭 대성당에서 도보 2분 주소 39 Trần Quốc Toản, Đà Nẵng 오픈 06:00~21:00 가격 쌀국수 3만~5만 동 전화 0915-797-999 지도 MAP BOOK 7ⓓ

미꽝 1A
Mì Quảng 1A

베트남 각지에 명물 국수가 있는데 다낭의 명물 국수는 미꽝이다. 쌀로 만든 국수지만 우동처럼 굵고 약간의 쫄깃함이 도는 면발이 특징. 비빔국수에 가까운 비주얼로 고기나 새우, 야채 등을 얹고 뻥튀기처럼 생긴 바삭한 쌀 튀김도 하나 올린다. 미꽝 1A는 미꽝만 전문으로 하는 식당. 새우 또는 닭고기, 둘 다 넣은 스페셜 Dặc Biệt 중 선택하면 된다. 쌀 튀김을 부숴 넣고 고명과 면을 비벼서 후루룩!

위치 한강교에서 도보 10분 주소 1 Hải Phòng, Đà Nẵng 오픈 06:00~21:00 가격 미꽝 3만~4만 동 전화 0236-3827-936 지도 MAP BOOK 6ⓔ

✕ RESTAURANT

쩌 비엣
Tre Việt

한국에서 만나기 쉽지 않은 모닝글로리 볶음, 신선한 채소와 새우를 라이스 페이퍼에 돌돌 말아 만든 스프링롤, 구운 고기를 곁들인 베트남 국수 요리 분짜, 쌀가루 반죽에 해산물을 푸짐하게 넣고 부친 반쎄오, 실패 확률 제로인 볶음 밥 등이 인기 메뉴다. 맛도 있지만 비주얼도 한껏 신경 쓴 모습. 전체적으로 양이 적지 않은 편이라 1인 1 메뉴면 충분 하다. 너무 많이 주문하지 말 것.

손님 대부분이 한국인이다. 점심과 저녁 끼니때 가면 사람이 우르르 몰려오는 식당. 도떼기시장이 따로 없다. 오픈하 자마자 가거나 식사 시간을 살짝 비껴 애매한 시간에 방문하는 게 지나친 부산함을 피하는 방법이다. 실내와 바깥 공 간에 모두 테이블이 있는데 역시 에어컨이 가동되는 안쪽 자리부터 사람이 찬다. 쩌 비엣에 사람이 너무 많다면 함께 운영하는 비엣 밤부 비스트로 Viet Bamboo Bistro를 찾아가자. 같은 메뉴를 선보인다. 쩌 비엣에서 도보 12분 거리에 있다.

위치 다낭 대성당에서 도보 4분 주소 180 Bạch Đằng, Đà Nẵng 오픈 10:00~22:00 가격 단품 7만~20만 동 전화 0236-3575-809 지도 MAP BOOK 7ⓓ

퍼 박하이
Phở Bắc Hải

딱히 특별할 거 없는 쌀국수지만 다낭 대성당 근처에 있어 여행자가 오며 가며 들르기 괜찮다. 소고기 쌀국수와 닭고기 쌀국수, 볶음면과 볶음밥 등을 판다. 소고기 쌀국수는 고기 부위와 익힌 정도에 따라 선택한다. 부드러운 고기가 좋다면 설익은 소고기를 얹은 퍼 따이 Phở tái, 잘 익은 양지나 차돌박이를 넣은 쌀국수를 선호한다면 퍼 남 Phở Nạm. 뜨끈할 때 숙주와 채소 잎을 따서 넣고 뒤집어준다. 국물에 푹 적셔 먹는 튀긴 빵 꿔이 Quấy도 따로 추가 가능.

위치 다낭 대성당에서 도보 2분 주소 185 Đường Trần Phú, Đà Nẵng 오픈 06:00~21:00 가격 쌀국수 4만 동 전화 0193-5195-668 지도 MAP BOOK 7Ⓓ

미케 비치

퍼 비엣 끼에우
Phở Việt Kiều

로컬 식당에서 주로 파는 베트남 음식을 요리한다. 깔끔하고 아늑한 내부. 모든 식사류 가격을 8만8천 동으로 통일했다. 쌀국수 두 가지와 튀긴 스프링롤을 듬뿍 얹은 분짜, 덮밥류를 판다. 달걀 프라이와 소고기, 양파가 든 덮밥은 익숙한 고향의 맛! 음료와 스프링롤을 보탠 콤보 세트로 주문해도 좋다. 호주산 소고기를 사용하고 MSG로 맛을 내지 않는다. 해외 생활 경력이 있는 주인장이라 영어 소통 원활.

위치 미케 비치에서 도보 5분 주소 201 Lê Quang Đạo, Đà Nẵng 오픈 11:00~14:00, 18:00~21:00 가격 8만8천 동 전화 0162-9456-309 지도 MAP BOOK 9Ⓐ

퍼 홍
Phở Hồng

베트남에서 아주 흔한 서민적인 분위기의 쌀국수집. 한국어 메뉴판이 있다. 메뉴는 크게 소고기를 넣은 퍼 보 Phở Bò와 닭고기를 넣은 퍼 가 Phở Gà로 나뉜다. 소고기를 어떻게 내는지에 따라 종류를 고르면 된다. 퍼 가는 닭곰탕과 비슷한 맛. 낯선 풀들을 담그지 않으면 국물이 꽤 친숙해서 한국인이 선호하는 곳. 와사삭 소리를 내며 부서지는 바삭한 스프링롤도 인기 만점이다. 새우와 돼지고기 반반 구성으로 나오는 스프링롤도 꼭 맛보도록!

위치 다낭 박물관에서 도보 3분 **주소** 10 Lý Tự Trọng, Đà Nẵng **오픈** 07:00~21:00 **가격** 4만~5만 동 **전화** 0988-782-341 **지도** MAP BOOK 6ⓓ

분짜까 109
Bún Chả Cá 109

오래된 로컬 식당 분짜까 109. 여행자보다 현지인이 즐겨 찾는다. 탱글탱글 튀긴 어묵을 듬뿍 얹은 분짜까를 판다. 신선한 생선 살로 어묵을 빚고, 남은 생선 뼈는 국물 우릴 때 쓴다. 비릿하지 않을까 걱정했는데 생각보다 잡내는 나지 않는다. 기호에 따라 새콤한 피클, 생선 소스, 숙주와 채소, 매콤한 고추 등을 넣어 먹는다. 분짜까 바피엔 Bún Chả Cá Bà Phiến도 분짜까 잘하는 식당. 보편적인 스타일의 쌀국수가 물렸다면 분짜까 도전!

위치 한강교에서 도보 10분 **주소** 109 Nguyễn Chí Thanh, Đà Nẵng **오픈** 06:30~22:00 **가격** 2만5천 동 **전화** 0945-713-171 **지도** MAP BOOK 6ⓕ

Best

미케 비치

람 비엔 레스토랑
Lam Vien Restaurant

독특한 건축 양식의 목조 주택을 개조한 레스토랑. 나이 지긋한 나무가 우거진 정원이 딸렸다. APEC 정상회의 기간 중 문재인 대통령이 방문한 것으로 더욱 유명해진 곳. 오래된 건축물이지만 효율적으로 고쳐 냉방 시설을 마련했다. 2층은 신발을 벗고 올라가야 하는 구조. 더운 시즌이 아니라면 테라스에서 식사하는 것도 좋은 생각이다.

대중적인 베트남 음식을 두루 갖췄다. 반쎄오나 스프링롤 등의 애피타이저, 고기나 해산물을 굽거나 튀긴 요리, 각종 쌀국수와 볶음밥 등 음식 가짓수가 많다. 맛에서는 대체로 호평을 얻고 있으나 간혹 주문이 누락되거나 너무 늦게 나와서 지쳤다는 후기가 자주 들린다. 사람이 몰리는 시간에는 만석일 때가 잦으니 사전 예약을 해두는 게 바람직하다. 일부 인기 메뉴는 종종 품절되는 경우가 있다. 가능하면 낮 시간에 방문 권장.

위치 미케 비치에서 도보 9분 주소 88 Trần Văn Dư, Đà Nẵng 오픈 11:30~21:30 가격 8만~22만 동 전화 0236-3959-171 홈피 www.lamviendanang.com 지도 MAP BOOK 9④

미케 비치

퉁피 바비큐
Thùng Phi BBQ

예능 프로그램 〈배틀 트립〉에 베트남식 숯불구이로 소개된 식당. 오현경과 정시아의 '먹방' 무대였다. 한국인에게 익숙한 숯불구이 전문점이라 남녀노소 거부감 없이 즐길 수 있는 메뉴. 육해공 원하는 대로 취향껏 골라 먹을 수 있다. 질기지 않은 소고기 버섯말이 추천. 도전 정신이 투철하다면 개구리 옵션도 있다. 치명적인 단점이 있는데 한여름엔 불앞이 더워도 너무 덥다. 차가 들어갈 수 없는 골목길에 있으니 큰길에서 내려 걷자.

위치 미케 비치에서 도보 7분　주소 195/9 Nguyễn Văn Thoại, Đà Nẵng　오픈 17:00~22:00　가격 육류 · 해산물 단품 6만~7만 동　전화 0934-542-233　홈피 www.facebook.com/thungphibbq　지도 MAP BOOK 9Ⓐ

보네 쿽민
Bò Né Quốc Minh

베트남식 스테이크 보네 Bò Né, 메뉴가 하나뿐이다. 머릿수를 확인하고 인원만큼 보네를 가져다준다. 뜨끈한 불 위에서 지글지글 익힌 스테이크. 소 모양의 달궈진 철판 위에 미트볼과 얇은 고깃덩어리, 토마토, 달걀을 톡 깨서 적당히 익혔다. 곁들여주는 빵이 아주 맛있다. 겉은 바삭하나 속은 부드러워 잘 먹히는 바게트. 빵의 배를 갈라 고기와 오이, 상추를 넣어 먹어도 좋다. 고기양이 많지 않지만 저렴한 가격! 준비한 재료가 떨어지면 문을 닫는다.

위치 한 시장에서 도보 5분　주소 28 Phan Đình Phùng, Đà Nẵng　오픈 06:00~11:00　가격 5만5천 동　전화 0236-3812-962　지도 MAP BOOK 7Ⓑ

반쎄오 바즈엉
Bánh Xèo Bà Dưỡng

좁은 골목 깊숙이 위치한 허름한 식당. 애매한 위치인데 일부러 찾아오는 사람이 많다. 골목길에 반쎄오 파는 식당이 보여도 한눈팔지 말고 쭉 들어갈 것. 가장 안쪽에 있다. 쌀가루 반죽으로 만든 부침개의 일종인 반쎄오가 이 집의 대표 음식이다. 다진 돼지고기를 꼬치에 뭉쳐 구운 넴루이도 별미. 넴루이는 주문하지 않아도 가져다주는데 먹은 만큼 계산한다. 라이스 페이퍼를 손바닥에 펼친 뒤 반쎄오, 채소, 넴루이 등을 넣고 싸 먹는다.

위치 참 조각 박물관에서 도보 15분 **주소** 23 Hoàng Diệu, Đà Nẵng **오픈** 09:00~21:30 **가격** 반쎄오 5만5천 동, 넴루이 5천 동 **전화** 0236-3873-168 **지도** MAP BOOK 7ⓔ

✗ RESTAURANT

레드 스카이 바 & 레스토랑
Red Sky Bar & Restaurant

현지 거주 서양인들이 즐겨 찾는 집. 스테이크와 파스타, 버거 등 서양식 요리를 전문으로 한다. 주력하는 메뉴는 그릴 요리다. 소고기 안심, 닭가슴살, 양고기, 새우 등을 맛깔스럽게 구워낸다. 추천 메뉴는 소고기 안심. 구운 채소, 매쉬드 포테이토, 라따뚜이, 면 등 사이드 디시가 다채롭다. 맥주, 칵테일은 물론 와인 리스트도 갖췄다. 다낭의 여느 레스토랑보다 높은 가격대지만 맛과 서비스 모두 만족스러운 레스토랑.

위치 참 조각 박물관에서 도보 7분 **주소** 248 Đường Trần Phú, Đà Nẵng **오픈** 11:00~14:00, 17:00~23:00 **가격** 파스타 14만~25만 동, 스테이크 40만~80만 동 **전화** 0236-3894-895 **지도** MAP BOOK 7ⓓ

미케 비치

패밀리 인디안 레스토랑
Family Indian Restaurant

인도 각지의 다양한 요리를 맛볼 수 있다. 애피타이저로 사모사, 커리 중에는 버터 치킨과 치킨 마살라가 제일 만만하다. 단단한 식감의 인도식 치즈와 시금치를 듬뿍 넣은 커리 빨락 빠니르도 담백하니 맛있다. 생선이나 커다란 새우 등 해산물로 만든 음식이 한 페이지를 차지하고 채식주의자를 위한 메뉴도 상당하다. 다양한 인도 음식을 한 번에 맛보고 싶다면 세트 메뉴를 눈여겨볼 것. 다채로운 음식을 한 쟁반에 담아주는 인도식 백반 탈리도 괜찮은 구성.

위치 미케 비치에서 도보 8분 **주소** 231 Hồ Nghinh, Đà Nẵng **오픈** 10:00~22:00 **가격** 애피타이저 2만~7만 동, 커리 7만~10만 동 **전화** 0942-605-254 **홈피** www.indian-res.com **지도** MAP BOOK 8ⓕ

뭄타즈 인디안 레스토랑
Mumtaz Indian Restaurant

남인도 케랄라주 출신의 인도인이 매니저를 맡고 있다. 친절하며 한국어 메뉴도 꼼꼼하게 준비해 두었다. 전식으로 먹기 좋은 튀김 음식 사모사와 파코라, 매콤한 치킨 칠리, 담백한 탄두리 치킨, 각종 커리, 인도식 볶음밥 비리야니 등 웬만큼 대중적인 인도 요리는 다 있다. 힌두교도가 대다수인 인도라서 소고기 요리는 없다. 평일 11시부터 3시까지는 가성비 좋은 구성의 점심 세트 메뉴 선택 가능.

위치 쩐티리교에서 도보 8분 **주소** 69 Hoài Thanh, Đà Nẵng **오픈** 10:00~22:30 **가격** 커리 10만~15만 동, 탄두리치킨 21만 동 **전화** 0236-3839-888 **홈피** www.mumtaz-danang.com **지도** MAP BOOK 9ⓐ

마담 란
Madame Lân

한강 근처의 레스토랑. 호이안에서 흔히 볼 수 있는 노란 건물, 이국적인 컬러가 인상적인 고풍스러운 건축물에 자리 잡고 있다. 규모가 크고 마당에도 테이블을 놓았다. 크고 실한 나무에 등불을 매달아 낭만 넘치는 분위기 연출. 호이안의 미니어처 같은 풍경이다. 레스토랑에서 제공하는 메뉴가 무려 200가지를 훌쩍 넘긴다. 베트남 북부, 중부, 남부의 음식을 골고루 요리한다. 어떤 메뉴를 주문해도 보통 이상의 맛.

각 지방의 특징을 살린 다채로운 면 요리를 시도해볼 수 있다. 각종 샐러드와 스프링롤 등은 가벼운 전식으로 제격. 뜨거운 국물에 각종 채소와 해산물을 살짝 익혀 먹는 샤부샤부 라우 Lẩu도 이열치열 괜찮은 음식이고 새우, 게, 오징어, 생선 등 해산물 요리도 풍성하다. 게나 바닷가재 등 일부 해산물은 무게에 따라, 시가로 팔기도 하니 가격을 눈여겨봐야 한다. 워낙 넓은 가게라 예약이 필수는 아니지만, 늘 사람이 많은 식당이라 인원이 많다면 전화나 홈페이지 등을 통해 예약하자.

위치 다낭 박물관에서 도보 7분 주소 4 Bạch Đằng, Đà Nẵng 오픈 06:30~21:30 가격 쌀국수 5만~7만 동, 메인 16만~30만 동 전화 0236-3616-226 홈피 www.madamelan.vn 지도 MAP BOOK 6Ⓓ

미케 비치

냐벱
Nhà Bếp

따듯한 국물에 다채로운 고명을 곁들인 쌀국수, 해산물 또는 파인애플을 넣은 볶음밥, 반쎄오, 돼지고기를 구워 만든 넴루이, 분짜, 소고기와 갖은 채소를 듬뿍 넣고 짭조름하게 볶은 퍼싸오보, 새우를 튀겨 만든 똠호아띠엔 등 대중적인 맛의 베트남 음식을 주로 낸다. 냐벱은 베트남어로 부엌을 뜻한다. 생긴 지 오래되지 않은 식당이라 내부가 상당히 깔끔하다. 에어컨이 가동돼 쾌적한 환경에서 한 끼를 해결할 수 있다.

위치 미케 비치에서 도보 5분 주소 416 Võ Nguyên Giáp 오픈 10:30~22:00 가격 7만~13만 동 전화 0236-6278-080 지도 MAP BOOK 9ⓑ

미 AA 해피 브레드 2호점
Mì AA-Happy Bread 2

프랑스 영향을 받은 베트남식 샌드위치 반미 Bánh Mì. 미 AA 해피 브레드의 반미 JJ는 베이컨, 햄, 달걀을 푸짐하게 넣고 칠리소스와 마요네즈를 뿌린다. YB는 속을 돼지고기와 새우로 채웠다. 생각보다 커서 한 끼 식사로도 든든하다. 겉은 바삭하고 속은 야들야들한 빵 맛이 일품. 한 시장 근처에 1호점이 있는데 늘 줄을 선다. 너무 붐빈다면 한 시장에서 멀지 않은 인도차이나 리버사이드 타워 3층 푸드코드로 가자. 2호점이 입점돼 있다. 한결 쾌적한 공간.

위치 한 시장에서 도보 4분 주소 74 Bạch Đằng 오픈 09:00~21:30 가격 반미 6만~7만 동 전화 0236-3849-444 지도 MAP BOOK 7ⓑ

✖ RESTAURANT

버거 브로스
Burger Bros

일본인이 운영하는 수제 버거 전문점. 윤기가 자르르 흐르는 두꺼운 패티 두 장과 체다 치즈, 토마토, 양파 등을 넣은 시그니처 미케 버거는 푸짐하게 먹고 싶은 대식가에게 추천한다. 너무 무겁지 않게 적당량을 먹고 싶다면 치즈 버거, 데리야키 치킨 버거, BBQ 포크 버거, 피시 버거 등으로 선택. 베이컨, 달걀, 아보카도, 치즈를 추가할 수 있다. 사이드 메뉴는 감자튀김과 코오슬로. 재료 소진 시 영업을 종료한다. 다낭에 지점이 두 곳.

위치 다낭 박물관에서 도보 8분 **주소** 4 Nguyễn Chí Thanh, Đà Nẵng **오픈** 11:00~14:00, 17:00~22:00 **가격** 버거 7만~14만 동 **전화** 0931-921-231 **홈피** burgerbros.amebaownd.com **지도** MAP BOOK 6ⓒ

✖ RESTAURANT

루남 비스트로
Runam Bistro

화려한 인테리어가 돋보이는 한강변의 카페 겸 레스토랑. 근사한 내부 장식과 조명 구경하는 재미가 쏠쏠하다. 실내가 넓고 테이블 간 간격이 널찍해 쉬어가기에 알맞다. 커피와 주스, 차 등으로 티 타임도 좋고 식사류도 이만하면 합격점. 주변의 베트남 카페, 레스토랑과 비교하면 다소 높은 가격대를 형성하고 있지만, 한국에 비하면 나쁘지 않은 가격이다. 베트남 고원 지역의 농장에서 재배한 원두로 만든 커피 맛도 엄지 척!

위치 다낭 박물관에서 도보 4분 **주소** 24 Bạch Đằng, Đà Nẵng **오픈** 07:00~23:00 **가격** 음료 7만~9만 동, 식사류 15만~30만 동 **전화** 0236-3550-788 **지도** MAP BOOK 6ⓓ

✗ RESTAURANT

하노이 쓰어
Hà Nội Xưa

점심시간 전후로 반짝 문을 열었다가 그날 준비한 재료가 떨어지면 문을 닫아버리는 로컬 식당 하노이 쓰어. 여행자 뿐 아니라 현지인도 줄 서서 먹는다. 메뉴는 두 가지뿐. 베트남을 대표하는 음식 가운데 하나인 분짜가 메인이고 바삭하게 튀긴 넴도 판다. 전 미국 대통령 버락 오바마가 하노이를 방문했을 때 선택한 메뉴가 바로 분짜였다. 베트남 북부 하노이를 대표하는 음식.

입구에서부터 숯불에 고기 굽는 냄새가 솔솔 풍긴다. 내부는 투박하며 넓지 않으나, 끼니때가 되면 손님이 끊임없이 몰려온다. 베트남 국민 소스인 새콤달콤 느억맘 국물에 고기 완자, 숯불에 구운 돼지고기를 듬뿍 넣었다. 미리 삶아둔 얇은 쌀국수 면을 국물에 찍어 먹거나 푹 담가 먹는다. 입맛에 따라 다진 마늘과 잘게 썬 고추, 채소 등을 곁들인다. 그릇을 싹싹 비우게 되는 맛. 푸짐한 분짜 한 그릇에 단돈 3만5천 동, 가격 또한 매력적이다. 둘이 맥주까지 마셔도 만원이 채 안 되는 가격.

위치 다낭 박물관에서 도보 9분 주소 95A Nguyễn Chí Thanh, Đà Nẵng 오픈 10:00~15:00(토요일 14:00까지) 휴무 일요일 가격 분짜 3만5천 동 전화 0906-220-868 지도 MAP BOOK 6ⓕ

✗ **RESTAURANT**

피자 포피스
Pizza 4P's

베트남에 둥지를 틀었지만 일본인이 운영하는 레스토랑. 호치민, 하노이, 다낭에서 성업 중이다. 세련되고 현대적인 인테리어로 꾸몄다. 카운터석과 테이블석으로 구분되는데 부산하게 피자가 구워지는 맛있는 장면을 눈에 담고 싶다면 카운터석에 궁둥이를 붙일 것. 레스토랑 한편에 피자 굽는 화덕이 설치돼 있다. 주문과 동시에 반죽을 둥글게 펼쳐 토핑을 올린 후 노릇하게 굽는다. 마르게리타 같은 클래식 이탈리안 피자, 직접 만든 치즈로 토핑을 구성한 치즈 피자 등은 기본. 탄두리 치킨 커리, 데리야키, 카망베르와 햄 & 버섯, 쉬림프 마요네즈, 연어 사시미 등 개성 넘치는 피자도 있다. 갈팡질팡 하나만 고르는 게 어렵다면 반반 피자를!

피자 포피스가 처음 문을 열었을 때 베트남에서 신선한 치즈를 구하는 건 쉽지 않은 일이었다. 수입에 의존하자니 너무 비싸서 곤란한 상황. 결국 직접 만드는 것으로 해답을 찾았다. 자연 속에서 자란 젖소의 신선한 우유로 치즈를 만든다. 카망베르 치즈, 블루 치즈, 라끌레뜨 치즈, 리코타 치즈, 마스카포네 치즈 등을 만들어 쓴다.

`위치` 참 조각 박물관에서 도보 4분 `주소` 8 Đường Hoàng Văn Thụ, Đà Nẵng `오픈` 10:00~22:00 `가격` 파스타 14만~23만 동, 피자 20만~42만 동 `전화` 0283-6220-500 `홈피` www.pizza4ps.com `지도` MAP BOOK 7ⓓ

껌가 아하이
Cơm Gà A Hải

닭고기 덮밥을 전문으로 하는 로컬 식당이다. 겉은 바삭하고 속은 촉촉하게 튀긴 닭을 올려주는 껌가 꾸아이 Cơm Gà Quay, 삶은 닭고기를 얹어주는 껌가 루옥 Cơm Gà Luộc이 간판 메뉴. 튀긴 닭고기는 한국의 재래시장에서 파는 옛날 통닭과 흡사한 맛이 난다. 닭 육수에 채소를 송송 썰어 넣은 국물이 함께 나온다. 각종 과일 주스는 옵션. 거리와의 경계가 모호해 위생 면에서는 기대하지 않는 게 좋을 듯.

위치 다낭 대성당에서 도보 6분 주소 96 Thái Phiên, Đà Nẵng 오픈 08:00~22:00 가격 4만~6만 동 전화 0905-312-642 지도 MAP BOOK 7ⓒ

미케 비치

바빌론 스테이크 가든 2호점
Babylon Steak Garden 2

두툼한 고기를 표면만 살짝 익혀 돌판 위에 내온다. 테이블에서 먹기 좋게 한 입 크기로 잘라준다. 먹음직스러운 고깃덩어리, 코끝으로 훅 스며드는 고기 냄새! 미국산 소고기를 사용하고 일본 와규도 취급한다. 스테이크가 간판 메뉴지만 연어, 소시지 등도 판다. 100%라고 해도 무방할 정도로 온통 한국인뿐인 식당. 스테이크 맛은 나쁘지 않지만 괜찮은 가격대의 현지 식당이 널렸기 때문에 가격 대비 만족도는 낮다. 다낭 내 지점이 여러 곳.

위치 미케 비치에서 도보 5분 주소 18 Phạm Văn Đồng, Đà Nẵng 오픈 10:00~22:00 가격 스테이크 38만~120만 동 전화 0983-474-969 지도 MAP BOOK 8ⓕ

✕ RESTAURANT

냐항 랑응에
Nhà Hàng Làng Nghệ

고향집처럼 푸근한 분위기. 시골에서 나고 자란 주인장이 어린 시절의 추억에서 영감을 받아 가꾼 공간이다. 도시에 있지만 시골에 발 들인 듯 소박하고 평화롭다. 베트남의 시골에서 만나는 일상적인 모습들로 꾸며져 있고 닭들이 제멋대로 뛰어다닌다. 근교 여행 나온 기분. 조리법이 심플하면서도 맛깔스러운 요리에 집중한다. 재료 본연의 맛을 즐기는 토속 음식을 주로 낸다.

마트에서 파는 닭과 사뭇 다른 쫄깃한 식감의 토종닭, 강에서 잡은 커다란 물고기, 부위별로 다채롭게 즐기는 돼지고기 등 어르신들이 선호할 만한 보양식도 다수. 주말, 단란한 베트남 가족들의 외식 장소로 사랑받는 곳이다. KBS 예능 프로그램 〈배틀 트립〉에 베트남 가정식으로 소개되기도 했다. 정시아, 오현경 두 사람의 테이블에 오른 메뉴는 모닝글로리, 스프링롤, 뚝배기에 담긴 새우 등 대중적인 것들.

위치 다낭 박물관에서 도보 10분 주소 119 Lê Lợi, Đà Nẵng 오픈 06:30~22:00 가격 메인 10만~50만 동 전화 0793-511-119 홈피 www.nhahanglangnghe.com 지도 MAP BOOK 6Ⓕ

SPECIAL

해산물 전문 식당

바다를 면하고 있는 도시 다낭. 바닷가 쪽에 싱싱한 해산물을 취급하는 식당이 많다. 베트남에서도 해산물은 비싼 축에 속하기 때문에 대단히 저렴한 가격은 아니지만, 적어도 한국보다는 싼값에 해산물을 즐길 수 있다. 제철 맞은 생선, 오징어와 한치, 가리비나 키조개 등의 조개류, 랍스터와 킹크랩을 포함한 게, 각종 새우 등을 원하는 대로 골라서!

인기 해산물 식당

꾸어 비엔 꽌 Cua Biển Quán
주 소 | Lô 10 Võ Nguyên Giáp
전 화 | 0919-885-888

하이싼 베만 Hải Sản Bé Mặn
주 소 | Lô 11 Võ Nguyên Giáp
전 화 | 0905-207-848

냐항 베안 Nhà Hàng Bé Anh
주 소 | Lô 14 Hồ Nghinh
전 화 | 0905-516-726

해산물 식당 이용 시 주의사항

❶ 식전에 내주는 메추리 알이나 땅콩 등은 부담 없는 금액이지만 유료로 제공한다.

❷ 일행이 여럿이라 주문량이 꽤 많다면 계산서를 유심히 살피자. 주문하지 않은 음식이 포함돼 있거나 얼토당토않은 금액이 적힌 계산서를 주는 일이 왕왕 발생한다.

❸ 냉장 시설이 없어 실온에 두었던 맥주를 그대로 내오는 경우가 있다. 얼음을 채운 양동이에 담아온다. 시원해질 때까지 인내심을 갖고 기다릴 것.

주문 방법

수조에 담긴 해산물을 직접 보고 고른다. 무게를 재서 판매하니 0.5kg, 1kg 등 해산물의 양도 선택해야 한다. 찌거나 굽거나 튀기거나. 조리 방법은 내키는 대로! 마늘이나 칠리소스 등 양념을 더해 먹어도 맛있다.

Best

☕ CAFE

콩 카페
Cộng Cà Phê

베트남을 대표하는 커피 프랜차이즈 중 하나. 2007년 하노이의 작은 카페로 출발했다. 콩 카페의 콩은 베트남의 공식 국가 명칭인 베트남사회주의공화국 Cộng hòa Xã hội chủ nghĩa Việt Nam에서 따온 것. 독특한 콘셉트 때문에 콩 카페에서만 느껴지는 특유의 분위기가 있다. 공간은 빈티지 스타일로 꾸몄다. 한강변에 위치한 콩 카페 다낭 지점은 '여기 한국인가?' 싶을 만큼 한국인으로 넘친다. 주변에 다낭 시내 볼거리가 몰려 있고, 멀지 않은 데 유명한 식당이 밀집된 탓. 1층과 2층을 써서 규모가 상당한데도 한낮에는 자리 잡기가 쉽지 않다.

시그니처 메뉴는 코코넛 스무디 커피. 다른 카페에도 코코넛 커피가 있지만 맛은 제각각이다. 진한 베트남식 커피의 쌉싸름함과 코코넛 스무디의 달콤하고 고소한 맛이 조화롭게 어우러진다. 카운터석에서 앉아 지켜보니 역시 코코넛 스무디 커피 찾는 사람이 압도적! 원두는 베트남 람동 지역의 커피 농장에서 받는다. 최근 뜨거운 인기에 힘입어 한국까지 진출했다.

위치 한 시장에서 도보 2분 **주소** 96 Bạch Đằng, Đà Nẵng **오픈** 08:00~23:30 **가격** 4만~6만 동 **전화** 0236-6553-644 **홈피** congcaphe.com **지도** MAP BOOK 7⑧

CAFE

골드 스타 커피
Gold Star Coffee

외진 골목 모퉁이의 조용한 카페. 커피에 대한 애정으로 똘똘 뭉친 주인장이 운영한다. 에티오피아, 파나마, 인도네시아, 라오스 등 이름난 커피 산지에서 원두를 공수해온다. 숙련된 바리스타가 커피를 고르는 것은 물론 로스팅까지 담당. 커피 추출에 에스프레소 머신, 사이펀, 프렌치 프레스, 모카 포트 등 다양한 도구를 이용한다. 베트남 고산지대에서 자란 차를 직접 덖어서 팔기도. 외국인 단골이 많은 카페.

위치 미케 비치에서 도보 10분 **주소** 14 Ngô Thi Sỹ, Đà Nẵng **오픈** 10:00~22:00 **가격** 2만~10만 동 **전화** 0981-837-475 **홈피** goldstarcoffee.business.site **지도** MAP BOOK 9Ⓐ

CAFE

불러바드 젤라토 & 커피
Boulevard Gelato & Coffee

다낭, 호이안에 지점을 여럿 둔 아이스크림 전문점. 아이스크림 기계를 수입해 직접 만든다. 약 20가지의 쫀득쫀득한 식감의 젤라토, 골라 먹는 재미가 있다. 아보카도 등 열대과일을 넣은 아이스크림은 새로운 맛. '단짠'의 진수를 보여주는 솔티 캐러멜도 은근히 중독성 있다. 개인적인 추천은 고소함의 '끝판왕' 피스타치오. 생과일에 아이스크림을 더한 한국식 빙수도 있다. 에어컨이 나오는 공간이지만 한여름엔 아이스크림이 순식간에 녹아버리니 얼른 뱃속으로!

위치 한 시장에서 도보 8분 **주소** 77 Trần Quốc Toản, Đà Nẵng **오픈** 07:30~23:00 **가격** 한 스쿱 3만2천 동 **전화** 0968-007-625 **지도** MAP BOOK 7Ⓓ

쭝 응우옌 레전드 카페

Trung Nguyên Legend Café

따뜻한 블랙커피 카페 덴 농. 차게 마시는 블랙커피 카페 덴 다. 연유를 섞어 차갑게 마시는 카페 쓰어 다. 베트남 스타일의 커피를 제대로 마셔보고 싶다면 이 카페를 추천한다. 베트남에 다녀온 사람이라면 누구나 아는 그 커피 G7을 만드는 커피 회사 쭝 응우옌 레전드에서 운영하는 카페다. 베트남에서 주로 쓰는 드리퍼 핀으로 내린 진한 커피를 선보인다. 에스프레소보다 더 진한 베트남식 커피는 호불호가 확실히 갈린다. 평소 커피를 연하게 즐긴다면 강한 맛의 베트남식 커피 대신 에스프레소 머신으로 만든 메뉴 쪽이 나을 수도.

카페는 넓은 정원을 따라 안쪽 깊숙이 들어가야 나온다. 시원한 에어컨 바람을 쐬일 수 있는 실내와 파라솔 아래서 기분 낼 수 있는 야외 좌석으로 나뉜다. 외국인은 거의 없고 현지인이 대부분. 매장 입구엔 이 회사에서 만든 커피 제품을 파는 상점이 있다. G7 커피는 다낭 쇼핑 리스트에서 빠지지 않는 품목이니 눈여겨볼 보도록. 간단하지만 식사 메뉴도 있다. 베트남식 샌드위치 반미와 가벼운 국수 요리, 닭고기나 돼지고기를 곁들인 밥 등.

위치 한 시장에서 도보 10분 **주소** 138 Nguyễn Thị Minh Khai, Đà Nẵng **오픈** 06:00~22:00 **가격** 4만~8만 동 **전화** 0236-3843-976 **홈피** www.trungnguyenlegend.com **지도** MAP BOOK 7Ⓐ

미케 비치

카꽁 카페
Ka Cộng Cafe

미케 비치 근처에서 쉴 만한 카페를 찾고 있다면 카꽁 카페가 괜찮은 선택이다. 레트로풍으로 꾸몄다. 공산당 분위기가 물씬 풍겨 콩카페와 닮은 구석이 많지만 넓고 상대적으로 한적한 데다 사람이 많지 않아 쉬거나 오래 머물기엔 오히려 낫다. 카꽁 카페에도 시그니처 코코넛 커피가 있다. 달콤한 코코넛 밀크와 쌉싸름한 커피를 따로 내준다. 고소하고 바삭한 코코넛 칩은 보너스.

위치 미케 비치에서 도보 6분 주소 79 Hà Bổng, Đà Nẵng 오픈 06:00 – 22:30 가격 3만~5만 동 전화 0931-937-388 홈피 www.facebook.com/KaCongcafe 지도 MAP BOOK 8⑤

봉 빠 베이커리 & 커피
Bonpas Bakery & Coffee

일반적인 로컬 빵집의 빵 맛이 재앙 수준인 걸 감안하면 꽤나 맛있는 빵을 구워낸다. 바게트나 크루아상 같은 프랑스식 빵, 피자빵처럼 재료를 두둑하게 얹은 푸짐한 빵, 귀여운 곰돌이 캐릭터 브라운을 닮은 케이크, 김밥 모양으로 둘둘 말아놓은 샌드위치 등을 판다. 군더더기 없이 담백하게 구운 바게트류는 인정! 안타깝게도 한국의 제과, 제빵 수준이 워낙 뛰어나 웬만한 걸 집어서는 성에 차지 않는다. 나쁘지 않은 수준. 다낭 내 4곳의 지점이 있다.

위치 꼰 시장에서 도보 6분 주소 112 Lê Duẩn, Đà Nẵng 오픈 06:00~22:30 가격 1만~4만 동 전화 0236-3888-348 홈피 www.bonpasbakery.com 지도 MAP BOOK 7Ⓐ

미케 비치

☕ CAFE

43 팩토리 커피
43 Factory Coffee

독특하고 세련된 디자인의 신축 건물. 벽이 온통 통유리로 되어 있어 볕이 잘 든다. 2층 규모, 천장이 높아 시원시원하다. 커피를 볶고 내리는 과정을 손님이 볼 수 있도록 설계한 열린 공간. 한가운데 실한 나무가 자라 싱그럽다. 카운터석, 푹신한 소파석 등이 마련돼 있다. 주변의 카페에 비하면 커피값이 비싸지만 스타일리시한 분위기 때문에 젊은 이들에게 사랑받는 곳. 크루아상, 시나몬롤 같은 간식거리도 있다. 간단하지만 수제 맥주 리스트도 갖췄다.

위치 미케 비치에서 도보 4분 **주소** 422 Đường Ngô Thì Sỹ, Đà Nẵng **오픈** 08:00~22:00 **가격** 커피 5만5천~7만 동 **전화** 0934-939-767 **홈피** www.43factory.coffee **지도** MAP BOOK 9Ⓐ

☕ CAFE

다낭 1975
Danang 1975

1975년, 다낭의 과거로 타임 슬립! 빈티지 스타일로 꾸민 카페. 카페 내부는 손가락으로 돌리는 옛날 전화기, 녹이 슨 타자기, 케케묵은 카메라 등 손때 묻은 오래된 물건들로 장식돼 있다. 언뜻 보면 고물상 같은 풍경. 다낭 로컬들의 핫 플레이스로 손님 대부분이 베트남 사람이다. 한강변에 위치해 의자가 모두 바깥쪽을 향해 있다. 음료는 커피와 인도식 요거트 라씨, 주스와 스무디, 차를 판다. 어떤 걸 주문해도 괜찮은 맛과 가격.

위치 다낭 박물관에서 도보 4분 **주소** 30 Bạch Đằng, Đà Nẵng **오픈** 07:00~23:00 **가격** 2만~4만 동 **전화** 0913-490-919 **홈피** thaidnpct.wixsite.com/danang1975coffee **지도** MAP BOOK 6Ⓓ

☕ CAFE

식스 온 식스 카페
Six On Six Café

주택가에 숨겨진 조용한 카페. 구글 지도를 보고 찾아가다 보면 '진짜 여기 맞나?' 의심을 몇 번이나 품게 된다. 다낭 거주 미국인이 운영하는 곳. 열대의 느낌이 나는 정원이 딸린 집에 자리한다. 에어컨이 나오는 실내 공간을 갖춰 더운 여름에도 쾌적하게 머물 수 있는 장소다. 베트남 달랏 근처에서 생산한 아라비카 품종의 커피를 선보인다. 로부스타종이 섞인 여느 베트남식 커피와는 다른 맛을 내는 커피.

스무디도 훌륭하다. 망고, 파인애플, 패션후르츠를 갈아 넣은 트로피컬 크러쉬와 민트, 라임, 꿀을 넣어 만든 스노우 민트 라임 추천. 바나나와 우유, 피넛 버터와 시나몬으로 맛을 낸 바나나 넛츠 쉐이크도 고소하니 맛있다. 설탕을 넣지 않은 건강한 맛이지만 달콤한! 브런치로 즐기기 딱 좋은 가벼운 푸드 메뉴도 수준급이다. 블루치즈를 넣은 오믈렛, 아보카도를 넣은 샌드위치, 그래놀라와 계절 과일을 곁들인 요거트 등. 조각 케이크와 머핀은 음료에 곁들일 간식으로 제격이다.

위치 미케 비치에서 도보 10분 **주소** 6/6 Chế Lan Viên, Đà Nẵng **오픈** 08:00~17:00 **가격** 음료 4만~10만 동, 푸드 5만~14만 동 **전화** 0946-114-967 **홈피** www.sixonsix.net **지도** MAP BOOK 9Ⓐ

Best

즈아 벤쩨 190 박당
Dừa Bến Tre 190 Bạch Đằng

로컬들이 주로 드나드는 디저트 가게. 간판에 드러나듯이 코코넛을 주재료로 한 메뉴가 대세다. 코코넛 속을 파내고 속을 탱탱한 젤리로 채운 코코넛 젤리, 코코넛 속살과 새콤달콤 과일에 요거트를 버무린 코코넛 요거트 등이 맛있다. 코코넛 주스는 갈증 해소에 그만! 한강이 보이는 2층 자리도 좋지만, 길에 나란히 앉을 수 있게 배치한 야외 좌석이 더 기분 난다. 베트남 손님이 대부분인 곳이라 가격도 합리적이다. 파파야, 아보카도, 두리안 등의 스무디와 당근, 파인애플, 구아바 등의 주스도 엄지 척!

위치 다낭 대성당에서 도보 4분 **주소** 190 Bạch Đằng, Đà Nẵng **오픈** 09:00~22:00 **가격** 1만5천~4만5천 동 **전화** 0906-527-272 **홈피** www.nuocduadanang.com **지도** MAP BOOK 7ⓓ

머이 커피 & 바
Mây Coffee & Bar

낮보다 밤에 가야 더 좋은 머이 커피 & 바. 다낭을 가로지르는 한강과 한강교가 내려다보이는 옥상 전망이 매력적이다. 안타깝게도 더운 시즌, 한낮에는 이 자리가 텅 빈다. 뷰가 아무리 좋다 한들 더워서 바깥 공간에 앉는 건 무리니까. 1층의 티룸에서는 커피와 차, 주스와 스무디 등의 음료를 마실 수 있는데 여러 가지로 아쉽다. 설탕을 잔뜩 넣어 너무 단 음료, 인테리어는 나름 꾸민다고 노력한 흔적이 보이나 촌스러운 분위기다. 여긴 낮보다 밤이 훨씬 낫다.

위치 한강교에서 도보 1분 **주소** 1B Lê Duẩn, Đà Nẵng **오픈** 07:00~23:00 **가격** 2만5천~5만 동 **전화** 0914-020-275 **지도** MAP BOOK 7ⓑ

더 커피 하우스
The Coffee House

다낭 여행 중 수시로 눈에 띄는 커피 체인점. 하노이, 호치민, 다낭 등에 약 50여 개의 매장을 둔 프랜차이즈다. 꾸준히 확장세. 우드톤의 세련된 공간을 선호하는데 매장마다 다른 스타일의 개성 넘치는 인테리어를 선보인다. 베트남식 커피를 포함한 다양한 커피 메뉴와 스페셜 티, 스무디, 소다, 주스, 초콜릿 음료 등을 마실 수 있다. 사진 속의 더 커피 하우스는 언제나 북적거리는 용다리 근처 지점.

위치 참 조각 박물관에서 도보 2분 주소 Lô A4, 2 Nguyễn Văn Linh, Đà Nẵng 오픈 07:00~22:30 가격 3만~6만 동 전화 0287-1087-088 홈피 www.thecoffeehouse.com 지도 MAP BOOK 7Ⓕ

다낭 수비니어 & 카페
Danang Souvenirs & Cafe

기념품 파는 상점과 카페를 겸하는 다낭 수비니어 & 카페. 다낭 내 두 군데의 지점이 있다. 하나는 한강 근처 노보텔 옆에, 다른 하나는 다낭 대성당과 가깝다. 자잘한 쇼핑과 휴식을 동시에 해결할 수 있는 곳. 자석, 비누, 머그컵, 에코백, 커피, 차, 초콜릿, 말린 과일, 인형, 티셔츠, 장식품 등의 품목을 취급한다. 카페 공간의 편안함은 이 지점이 낮고, 상점의 규모는 한강 쪽의 지점이 더 크다.

위치 다낭 대성당에서 도보 3분 주소 68 Trần Quốc Toản, Đà Nẵng 오픈 07:00~22:30 가격 음료 2만5천~8만 동 전화 0931-914-491 홈피 www.danangsouvenirs.com 지도 MAP BOOK 7Ⓓ

스카이 바 36
Sky Bar 36

다낭 시내 중심에 있는 노보텔 다낭 프리미어 한 리버의 루프탑 바. 36층이라 대단히 높은 건축물은 아니지만 주변 건물들이 워낙 아담해 굉장히 높게 느껴진다. 탁 트인 옥상에서 도시 전경을 즐길 수 있는 멋진 장소. 한강교와 용교를 포함한 한강 전경이 한눈에 들어온다. 화려한 조명과 소파 베드, 야외 바, VIP 전용 라운지를 갖췄다. 9시 이전에는 잔잔한 분위기로 그럭저럭 한적하다. 야경을 감상이 주목적이라면 일찌감치 방문할 것.

밤 9시가 넘으면 비트에 몸을 맡기고 싶은 EDM 등으로 음악이 바뀌면서 댄서들이 등장해 파워풀한 춤을 춘다. 뮤지션의 라이브 공연이 펼쳐지기도. 분위기는 좋으나 단점으로 사악한 가격이 꼽힌다. 목테일과 칵테일 가격이 20만 동부터 시작한다. 1만 원대의 음료는 저녁 10시 이전에만 주문 가능한 메뉴. 10시를 넘기면 주류 1잔당 한화 2만 원 이상이다. 야외 공간은 비가 많이 오면 개방하지 않는 날도 있으니 날씨를 보고 가도록.

위치 다낭 박물관에서 도보 3분 **주소** 36 Bạch Đằng, Đà Nẵng **오픈** 18:00~02:00 **가격** 칵테일 20만~39만 동 **전화** 0901-151-636 **지도** MAP BOOK 6ⓓ

워터프론트 바 & 레스토랑
Waterfront Bar & Restaurant

한강을 마주 보고 있는 레스토랑 겸 바. 1층은 가볍게 맥주나 칵테일, 와인 등을 마실 수 있는 바로 운영하고 2층은 레스토랑이다. 다국적 여행자가 찾는 곳이라 메뉴판에 영어, 중국어, 일본어, 한국어가 몽땅 적혀 있다. 식사 메뉴는 베트남과 아시아 요리, 이탈리아 음식과 스테이크 등 서양식도 있다. 요리의 만족도가 대체로 높은 편. 테라스 좌석에서는 한강이 보인다. 직원들의 서비스가 하나같이 정중하고 친절하다.

위치 한 시장에서 도보 4분 **주소** 150 Bạch Đằng, Đà Nẵng **오픈** 09:30~23:00 **가격** 음료 3만~12만 동, 푸드 9만~55만 동 **전화** 0905-411-734 **지도** MAP BOOK 7ⓓ

루나 펍
Luna Pub

파스타와 생햄, 치즈, 올리브, 올리브오일 등 이탈리아 식재료를 공급하는 루나 그룹에서 운영하는 펍. 양질의 재료 덕분에 이탈리아 요리 맛이 제대로 난다. 높은 천장, 벽돌로 덮인 벽, 인테리어 장식으로 가져다 놓은 자동차. 창고를 고친 듯한 모습이다. 캐주얼한 분위기의 다이닝 공간으로 피자와 파스타, 리조토 같은 이탈리아 음식이 주 종목. 맥주, 진, 데킬라, 보드카, 위스키, 럼, 칵테일 등 주류가 다채로워 간단하게 술 한잔 기울이기도 좋다.

위치 다낭 박물관에서 도보 4분 **주소** 9A Đường Trần Phú, Đà Nẵng **오픈** 11:00~01:00 **가격** 맥주 4만~14만 동 **전화** 0932-400-298 **홈피** www.lunadautunno.vn **지도** MAP BOOK 6ⓓ

오아시스 타파스 바
Oasis Tapas Bar

맛있는 스페인 음식, 신나는 음악과 함께 술잔 기울이기 좋은 펍, 오아시스 타파스 바. 올리브, 스페인식 오믈렛, 버팔로 스테이크, 오징어 튀김 등 40여 가지가 넘는 타파스를 즐길 수 있다. 이 골목에 서양인 여행자들이 주로 머무는 호스텔이 밀집돼 있어 손님은 대부분 서양인이다. 오후 5시에 문을 열지만 이때는 한적해서 흥이 나지 않고, 밤이 깊어갈수록 사람이 많아진다. 미케 비치에서 도보 4분 거리.

위치 미케 비치에서 도보 4분 주소 An Thượng 4, Đà Nẵng 오픈 17:00~12:30 가격 타파스 단품 3만~10만 동 전화 0931-955-574 지도 MAP BOOK 9④

🎵 **NIGHTLIFE**

밤부 2 바
Bamboo 2 Bar

모퉁이에 위치한 작은 바. 이름처럼 대나무로 장식돼 있다. 영어를 능숙하게 구사하는 명랑한 직원들이 맞아준다. 맥주와 칵테일, 와인 등의 주류와 올 데이 브렉퍼스트, 도우가 얇은 피자, 버거, 샌드위치, 베트남 요리 등의 음식을 판다. 커다란 평면 TV가 있어 라이브 스포츠 감상도 가능. 특별한 경기가 있는 날은 발 디딜 틈이 없다. 공식적인 영업시간은 새벽 2시까지이지만 손님이 많으면 더 오래 문을 열기도.

위치 다낭 대성당에서 도보 5분 주소 216 Bạch Đằng, Đà Nẵng 오픈 10:00~02:00 가격 음료 3만~12만 동, 푸드 8만~17만 동 전화 0905-544-769 홈피 www.bamboo2bar.com 지도 MAP BOOK 7④

브릴리언트 탑 바
Brilliant Top Bar

다낭 한강변에 위치한 4성급 브릴리언트 호텔. 꼭대기 17층에서 브릴리언트 탑 바를 운영한다. 시원스러운 강줄기와 다낭의 랜드마크 용교, 시내가 보이는 근사한 전망을 가진 루프탑 바. 맥주와 와인, 칵테일, 위스키 등 주류를 제공하며 식사 메뉴로는 파스타, 스테이크 등을 낸다. 호텔 투숙객을 대상으로 식사 메뉴 할인 쿠폰을 수시로 제공해 식사 손님도 꽤 많은 편. 가성비 괜찮은 스테이크가 인기다. 격식을 갖춰야 하는 딱딱한 분위기가 아니어서 누구나 부담 없이 드나들 수 있는 곳. 아이 동반 또는 어르신과 함께하는 가족 여행자에게도 무난하다. 토요일 등 특별한 날에는 라이브 음악 이벤트를 열기도 한다.

위치 다낭 대성당에서 도보 3분 주소 162 Bạch Đằng, Đà Nẵng 오픈 10:00~22:00 가격 칵테일 13만~19만 동 전화 0236-3222-999 홈피 www.brillianthotel.vn 지도 MAP BOOK 7⑦

돔돔 팜
Đom Đóm Farm

베트남 잡화와 특산물을 한곳에서 쇼핑할 수 있는 상점, 돔돔 팜. 기념품이나 선물을 사기 위해 들르기 좋은 매장이다. 가방이나 파우치 등의 패브릭 제품, 베트남 고원지대에서 재배한 커피, 베트남산 카카오로 만든 초콜릿, 코코넛칩이나 캐슈넛 등 간식거리가 선물로 인기. 매장의 반 이상이 식품류로 진열돼 있다. 패키지에 고운 일러스트가 담긴차 제품도 선물하기 알맞은 품목. 연꽃차, 판단잎차, 녹차, 우롱차 등 다양한 차를 구비하고 있다.

위치 용교에서 도보 5분　주소 235 Đường Trần Phú, Đà Nẵng　오픈 08:00~19:00　전화 0914-420-196　홈피 www.facebook.com/domdomfarm　지도 MAP BOOK 7ⓓ

꼬마이
Cỏ May

돔돔 팜 길 건너편에 위치한 기념품 숍. 이 길 양옆으로 일본인이 운영하는 상점들이 밀집돼 있다. 한 번에 둘러보기수월한 동선. 겉에서 보면 작아 보이지만 안쪽 깊은 곳까지 상점이어서 규모가 꽤 크다. 다낭 여행 중 볼 수 있는 웬만한 기념품은 여기에 다 모여 있다. 눈에 띄는 품목은 다낭과 호이안의 모습을 담은 머그컵, 그리고 베트남 각지에서모은 커피 코너. 10개씩 담긴 드립 커피 제품은 선물용으로 만만하다. 일본인 단체 손님이 즐겨 찾는 곳.

위치 용교에서 도보 4분　주소 240 Đường Trần Phú, Đà Nẵng　오픈 08:00~20:00　전화 0906-537-667　홈피 www.comaydn.com　지도 MAP BOOK 7ⓓ

페바 초콜릿
Pheva Chocolate

베트남산 카카오에 낯선 재료를 더해 독창적인 맛의 초콜릿을 만든다. 후추, 계피, 생강, 피스타치오, 참깨, 땅콩, 오렌지 껍질 등 18가지의 이국적인 맛. 하나씩 개별로 구매하거나 6개, 12개, 24개, 40개가 들어가는 초콜릿 상자를 고른 뒤 원하는 초콜릿을 골라 채우면 된다. 초콜릿 6개가 담긴 박스는 5만 동, 40개가 담긴 박스는 26만 동이다. 작은 매장이지만 언제나 발 디딜 틈 없이 붐비는 초콜릿 숍. 호이안, 하노이, 호치민에도 지점이 있다.

위치 용교에서 도보 4분 주소 239 Đường Trần Phú, Đà Nẵng 오픈 08:00~19:00 전화 0236-3566-030 홈피 www.phevaworld.com 지도 MAP BOOK 7ⓓ

디아트 초콜릿
D'Art Chocolate

닥락, 벤쩨 등 베트남의 카카오 산지에서 재배한 품질 좋은 카카오를 엄선해 만든 초콜릿이다. 밀크, 화이트, 다크를 비롯해 카카오 농도가 제각각인 여섯 종류의 초콜릿을 선보여 취향껏 골라 먹을 수 있다. 알록달록한 색으로 포장한 다채로운 맛의 초콜릿도 특별하다. 별별 초콜릿이 다 있다. 아몬드, 캐슈넛, 망고, 파인애플, 포멜로, 살구, 생강, 맛차, 코코넛, 참깨 등 낯선 맛의 초콜릿으로 가득한 한 상자. 호치민과 하노이, 후에, 다낭 등에 지점이 있다.

위치 용교에서 도보 4분 주소 247 Đường Trần Phú, Đà Nẵng 오픈 08:00~20:00 전화 0236-6523-345 홈피 www.dartchocolate.com 지도 MAP BOOK 7ⓓ

다낭 수비니어
Danang Souvenirs

다낭에서 가장 큰 기념품 상점. 다낭과 호이안을 테마로 만든 기념품과 아기자기한 소품, 지역의 특산품을 죄다 모았다. 냉방 시설이 잘 되어 있어 여름에도 쾌적하게 쇼핑을 즐길 수 있다. 상점 옆에는 카페가 딸렸다. 쇼핑 후 잠시 쉬어가기 적합한 곳. 한강변 노보텔 근처에 1호점이 있고, 다낭 대성당에서 멀지 않은 데 2호점을 운영한다. 쇼핑을 위한 방문이라면 취급 품목이 압도적으로 많은 1호점이 더 낫다. 비자카드나 마스터카드 등 신용카드 결제도 가능.

위치 다낭 박물관에서 도보 2분   주소 34 Bạch Đằng, Đà Nẵng   오픈 07:00~22:30   전화 0236-3827-999   홈피 www.danangsouvenirs.com   지도 MAP BOOK 6ⓓ

롯데마트 다낭
Lotte Mart Đà Nẵng

베트남의 주요 도시에 하나씩 꼭 있는 롯데마트. 다낭에서는 2012년부터 영업해왔다. 5층 규모의 큰 건물에 다양한 시설이 입점해 있다. 1층은 커피숍과 패스트푸드점, 2층은 서점, 패션과 액세서리숍. 3층은 가정용품과 가전제품, 화장품, 약국 등의 매장이 있다. 여행자가 가장 즐겨 찾는 곳은 4층. 식품 코너와 환율 좋기로 소문난 환전소, 짐을 보관할 수 있는 보관함 시설이 4층에 있다. 5층은 영화관이다. 롯데마트 다낭 쇼핑 리스트는 p64 참고.

위치 아시아 파크에서 도보 7분   주소 6 Nại Nam, Đà Nẵng   오픈 08:00~22:00   전화 0236-3611-999   홈피 lottemart.com.vn   지도 MAP BOOK 9ⓒ

빅씨 다낭
Big C Đà Nẵng

태국 전역을 꽉 잡고 있는 대형 마트 빅씨. 롯데마트만큼이나 품목이 다양해 대대적으로 쇼핑하기에 알맞다. 사람이 너무 많아 쇼핑하다 지치는 롯데마트에 비하면 한산한 편. 롯데마트는 시내에서 뚝 떨어져 거리가 멀지만 빅씨는 시내 중심과 가깝다. 2층에 식료품이 있고, 3층은 생활용품, 의류와 잡화를 판매한다. 택시를 타고 한참 이동하는 게 번거롭게 느껴진다면 다낭 쇼핑 리스트, 빅씨에서 해결하자. 있을 건 다 있다.

위치 꼰 시장에서 도보 3분 주소 257 Hùng Vương, Đà Nẵng 오픈 08:00~22:00 전화 0236-3666-085 홈피 www.bigc.vn 지도 MAP BOOK 7ⓐ

케이 마트
K-Mart

웬만한 한국 제품은 케이 마트에서 다 구할 수 있다. 케이 마트 다낭 본점은 3 Phạm Văn Đồng 여기에, 케이 마트 스토어는 한강 근처 104 Bạch Đằng 이곳에 있다. 컵라면, 소주, 과자, 통조림, 햇반, 김, 소스류, 조미료, 냉동식품, 유제품에 이르기까지 없는 게 없다. 생필품도 두루 갖췄다. 여행 중 한국 음식이 생각날 때 찾으면 유용하다. 단, 수입 과정을 거쳐야 하는 해외라서 한국보다 높은 가격대를 형성한다. 24시간 영업.

위치 미케 비치에서 도보 15분 주소 3 Phạm Văn Đồng, Đà Nẵng 오픈 24시간 전화 0236-3960-001 지도 MAP BOOK 8ⓔ

센 부티크 스파
Sen Boutique Spa

추천 마사지 센 부티크 시그니처
소요 시간 60분/ 90분/ 120분
가격 40만 동/ 55만 동/ 70만 동
예약 카카오톡 senboutiquespa

\ 꿀팁 /
직접 제작해 판매하는
핸드메이드 비누 퀄리티가 꽤 좋다.

모든 게 만족스러웠던 마사지 숍. 세심하고 감각이 넘치는 베트남인이 운영한다. 초록빛 열대의 식물로 뒤덮인 정원에서부터 싱그러운 분위기가 감돈다. 한국의 괜찮은 숍과 견주어도 빠지지 않는 무드와 시설. 청결 상태가 좋고 직원들의 태도가 공손하며 온화하다. 마사지사의 현란한 테크닉은 최상의 수준이다. 마사지 룸, 기분 전환에 그만인 아로마, 잔잔한 음악까지 꼼꼼하게 신경 썼다.

핫 스톤 마사지, 캔들 마사지, 타이 마사지, 임신부를 위한 마사지 등이 준비돼 있다. 강력하게 추천하고 싶은 마사지는 베트남과 태국의 마사지 기법을 더한 센 부티크 시그니처 마사지. 머리와 목, 어깨만 집중적으로 풀어주는 마사지도 있다. 페이셜 케어도 선보이지만 바디 테라피가 훨씬 경쟁력을 갖췄다. 도심 속 평화로운 오아시스, 활력을 되찾는데 최선의 선택!

위치 미케 비치에서 도보 6분 **주소** 70 Lê Quang Đạo, Đà Nẵng **오픈** 09:00~22:00 **전화** 0236-3967-868 **홈피** www.senboutiquespa.com **지도** MAP BOOK 9Ⓐ

퀸 스파
Queen Spa

추천 마사지
대나무 & 내추럴 오일 바디 마사지
소요 시간 90분/ 120분
가격 64만 동 / 85만 동
예약 홈페이지 또는 메일

위치가 애매하지만 탄탄한 마사지 실력으로 호평받는 퀸 스파. 규모가 크지 않아 원하는 시간대에 마사지를 받고 싶다면 사전 예약이 필수다. 내추럴 오일 마사지를 기본으로 하고 뜨겁게 달군 돌, 귀한 약초를 넣어 만든 허브볼, 단단한 대나무 등 도구를 적극 활용하는 마사지도 선보인다. 대나무 마사지는 뭉친 근육을 풀어주는 데 효과적이다. 간단한 스낵과 함께 웰컴 티를 제공하며 마사지 후 작은 생수를 증정한다.

위치 용교에서 도보 10분 주소 144 Phạm Cự Lượng, Đà Nẵng 오픈 08:30~21:00
전화 0236-2473-994 홈피 www.queenspa.vn 메일 queenspadn@gmail.com 지도
MAP BOOK 8ⓔ

핑크 스파
Pink Spa

추천 마사지 아로마 전신 마사지
소요 시간 60분/ 90분/ 120분
가격 29달러/ 33달러/ 39달러
예약 카카오톡 PINKSPA

다낭 대성당 근처. 한국인이 운영하는 마사지 업소. 싹싹한 한국인 매니저가 상주한다. 이름처럼 모든 게 거의 핑크색. 팁이 포함된 가격이라 해도 가격이 상당히 높은 편인데 마사지를 받고 나면 고개를 끄덕이게 된다. 다른 한인 업소에 비해 마사지사 교육이 잘 되어 있다. 힘을 주어야 할 때와 빼야 할 때를 적절하게 캐치하는 노련한 손놀림. 가격대가 살짝 높아도 제대로 받고 싶다면 핑크 스파를 추천한다.

위치 다낭 대성당에서 도보 3분 주소 171 Đường Trần Phú, Đà Nẵng 오픈 10:30~22:30
전화 0969-851-708 지도 MAP BOOK 7ⓓ

샬렘 스파 가든
Salem Spa Garden

추천 마사지 베트남 전통 마사지
소요 시간 60분/ 90분/ 120분
가격 30만 동/ 42만 동/ 56만 동
예약 홈페이지 또는 메일

\ 꿀팁 /
베트남어 주소로 검색하면 엉뚱한 데가 나올
때가 있다. 상호로 검색 권장.

다낭 시내에 지점이 두 군데 있다. 사진 속 지점은 샬렘 스파 가든. 살뜰하게 가꾼 정원이 있다. 모던하고 고급스러운 느낌의 숍. 롯데마트 근처에 있어 한국 사람들도 많이 드나드는 편이다. 시설은 좋지만 평가는 극과 극으로 갈린다. 개인적인 경험은 나쁘지 않았는데 마사지 압력에 문제를 제기하는 사람이 적지 않다. 어떤 마사지사를 만나느냐에 따라 만족도의 차이가 큰 곳.

침대가 총 45개로 규모가 크다. 옷과 소지품을 보관할 수 있는 라커룸에서 옷을 갈아입는데 목욕탕과 흡사한 구조다. 낯모르는 사람들과 탈의실을 공유해야 하는 시스템이라 불편해하는 사람도 있다. 일부 마사지 룸은 침대와 침대 사이에 비치는 소재의 흰색 커튼을 써서 민망했다는 후문. 마사지 후에는 따뜻한 죽과 음료가 제공된다.

위치 롯데마트에서 도보 8분 **주소** 528 Đường 2 Tháng 9, Đà Nẵng **오픈** 09:00~22:30 **전화** 0236-3638-888 **홈피** www.salemspa.com.vn **메일** salemspagarden@gmail.com **지도** MAP BOOK 5®

사왓디 스파
Sawasdee Spa

추천 마사지 태국 전통 바디 마사지
소요 시간 60분/ 90분/ 120분
가격 25달러/ 35달러/ 45달러
예약 카카오톡 sawasdeespa

트립어드바이저 평점이 눈에 띄게 높아서 다녀온 마사지 숍. 한국인이 운영하는 타이 마사지 전문점이다. 고전적인 타이 마사지로 전통 태국 마사지 기법에 섬세한 스트레칭이 더해진다. 민첩하고 노련하게 힘을 가하는 마사지사의 손맛이 제대로! 혈 자리를 찾아 꾹꾹 눌러주고 에너지의 흐름을 자극한다. 타이 마사지답게 시원함의 깊이가 확실히 다르다. 근육통에 효과가 있는 그린 아로마 밤을 사용한다. 태국에서 자생하는 열대 식물로 만든 제품.

위치 참 조각 박물관에서 도보 10분 **주소** 347 Phan Châu Trinh, Đà Nẵng **오픈** 10:00~23:00 **전화** 0901-171-792 **홈피** www.spasawasdee.com **지도** MAP BOOK 7Ⓔ

엘 스파
L Spa

추천 마사지 엘 스파 시그니처 마사지
소요 시간 60분/ 90분
가격 40만 동/ 60만 동
예약 홈페이지 또는 메일

미케 비치에서 멀지 않은 골목길에 위치한다. 가격대가 무난하면서 실속 있는 마사지 숍으로 꼽힌다. 호스텔 근처에 있어 서양인 손님도 많다. 엘 스파 시그니처 마사지가 가장 무난하고 인기 있는 마사지. 투 테라피스트 마사지는 두 사람이 동시에 마사지를 제공한다. 한 명은 상반신, 다른 한 명은 하반신에 집중. 등과 발 마사지는 등, 어깨, 발에 초점을 맞춘다. 한국에서도 계속받고 싶을 만큼 탐나는 마사지다. 카드 결제는 불가, 현금만 받는다.

위치 미케 비치에서 도보 4분 **주소** 5 Đường An Thượng 4, Đà Nẵng **오픈** 10:00~22:00 **전화** 0236-3959-093 **홈피** www.mylinhlspadanang.com **메일** mylinhlspa@gmail.com **지도** MAP BOOK 9Ⓐ

노아 스파
Noah Spa

추천 마사지 릴렉스 아로마 테라피
소요 시간 60분/ 90분/ 120분
가격 23달러/ 28달러/ 35달러
예약 카카오톡 noahspa

한인 업소. 친절하고 사근사근한 한국인 직원이 맞아준다. 한강교에서 미케 비치로 넘어가는 대로변에 있다. 한국 식료품을 손쉽게 구할 수 있는 케이 마트 바로 옆 건물. 조용하고 아늑한 분위기의 시설과 서비스, 마사지 실력 등이 두루 무난하다. 오일 마사지 선택 시 라벤더, 유칼립투스, 자몽, 로즈메리, 레몬그라스 등의 오일을 고를 수 있다. 여느 한인 업소보다 나은 퀄리티의 오일을 사용한다.

위치 한강교에서 도보 12분 **주소** 21 C1 Phạm Văn Đồng, Đà Nẵng **오픈** 10:00~22:30 **전화** 0236-3939-499 **지도** MAP BOOK 8Ⓔ

노니 스파
Noni Spa

추천 마사지 아로마 오일 바디 마사지
소요 시간 60분/ 90분/ 120분
가격 25달러/ 33달러/ 39달러
예약 카카오톡 nonispa123

넓고 쾌적한 시설. 방마다 다른 디자인의 인테리어에 자쿠지, 샤워 시설이 마련돼 있다. 가격 책정이 다소 높게 되어 있으나 카카오톡 예약 시 할인해준다. 식용 및 약용으로 각광받는 식물 노니로 만든 제품을 판매하고 일부 마사지 프로그램에는 노니 오일을 이용한다. 다낭 시내는 무료 픽업 가능. 마사지가 끝나면 쌉싸름한 아메리카노 또는 시원하고 달콤한 망고 빙수를 내준다. 미케 비치와 가깝다.

위치 미케 비치에서 도보 4분 **주소** 44 Lê Manh Trinh, Đà Nẵng **오픈** 10:00~23:00 **전화** 0236-3747-200 **지도** MAP BOOK 8Ⓓ

SPECIAL

마사지 숍 이용 주의사항과 팁

1 팁

마사지 요금에 팁이 포함된 경우가 많다. 마사지 메뉴에 팁이 포함인지 아닌지 반드시 체크할 것. 업체와 마사지의 소요 시간에 따라 2~4달러 수준으로 책정돼 있다. 팁이 별도라면 만족도에 따라 소신껏 챙기면 된다.

2 예약

원하는 시간대가 있다면 미리 예약해두는 게 좋다. 일반적으로 아침 시간대보다 저녁때 사람이 몰린다.

3 후기 확인은 필수

한국인이 운영하는 업체들 중에서는 무리하게 확장하여 겉은 번지르르 하나 정작 마사지 솜씨는 엉터리인 곳도 다수였다. 블로그 후기에만 의지하지 말고 구글, 트립어드바이저 등의 후기도 참고할 것.

4 결제

카드 결제를 받지 않는 곳도 있다. 신용카드 결제를 원한다면 사전에 가능 여부를 확인!

5 마사지 강도

마사지의 압력에 대한 말이 참 많다. 오일을 바르는 수준에 그쳐 짜증 났다는 사람도 있고 요령 없이 너무 지나치게 힘만 주어 아프기만 했다는 사람도 봤다. 마사지가 괜찮냐고 물어볼 때 적극적으로 대응하는 게 최선의 방법이다.

6 아이 동반

아이를 동반한 가족이라면 키즈 마사지를 선택하거나 놀이방 시설이 있는 숍을 알아보자.

7 마사지 오일

일부 업체는 오일에 대한 추가 요금을 1~2달러가량 받기도 한다. 질 좋은 오일을 쓰는 곳도 물론 있지만, 향이 거의 나지 않는 저렴한 오일을 쓰면서 추가 요금을 받는 곳도 적지 않다. 오일 추가는 권장하지 않는다.

8 스톤 마사지

다낭의 거의 모든 마사지 숍에는 오일 마사지와 함께 스톤 마사지 메뉴가 있다. 뜨겁게 달군 돌이 마사지에 쓰인다. 겪어본 바로는 만족도가 떨어지는 경우가 대부분이었다. 항상 그런 건 아니지만 대체로 돌을 다루는 데 능숙하지 않았다. 돌을 사용하는 시간만큼 손으로 하는 마사지 시간이 줄어든다는 것도 함정. 고민이 필요한 문제다.

멜리아 다낭
Melia Danang
★ ★ ★ ★

SPECIAL
1 공항행, 바나 힐행,
  호이안행 셔틀버스 유료 운행
2 합리적인 가격의
  레이트 체크아웃 프로그램
3 레벨 룸에만 적용되는 특별 서비스

COMMENT
4성급 호텔이어서 부담 없는 객실 요금.
가성비 좋은 호텔로 꼽힌다.

논 느억 비치에 자리 잡은 멜리아 다낭은 4성급 호텔이지만 5성급 못지않은 부대시설을 자랑한다. 넓은 부지와 말끔하게 정리된 산책로, 전용 해변, 어린이 수영장을 포함한 3개의 야외 수영장, 무료 키즈 클럽, 풀 서비스를 제공하는 스파 등 시설 면에서 부족함이 없다. 바다 또는 오행산 전망의 객실은 현대적인 무드. 특별한 베네핏을 얻을 수 있는 레벨 룸이 인기다. 애프터눈 티와 칵테일 등을 무료로 제공한다. 호텔 내 레스토랑과 바가 여럿 있어서 선택의 폭이 넓다는 것도 장점.

주소 19 Trường Sa, Đà Nẵng 전화 0236-3929-888 홈피 www.melia.com 체크인 15:00 체크아웃 12:00 지도 MAP BOOK 3ⓖ

🍴 **RESTAURANT**
더 마켓 레스토랑 | 뷔페식 아침 식사를 제공하며 점심, 저녁은 단품으로 낸다.
남 비엣 레스토랑 | 베트남 요리 전문. 정원 전망으로 저녁 식사만 제공한다.
케이프 나오 레스토랑 | 지중해풍의 음식들. 신선한 해산물과 스페인식 요리를 한다.
풀 바 | 햄버거와 샌드위치, 타파스 같은 간단한 먹을거리와 음료를 판다.

반얀트리 랑꼬
Banyan Tree Lang Co
★ ★ ★ ★ ★

SPECIAL
1. 공항행, 호이안행, 후에행
   무료 셔틀버스 운행
2. 다낭 시내로 가는 셔틀버스는 유료 운행
3. 다채로운 액티비티 프로그램 운영
4. 둘만의 오붓한 식사 공간
   데스티네이션 다이닝
5. 일상의 피로까지 말끔하게 날려주는
   반얀트리 스파

COMMENT
커플여행, 신혼여행으로 머물 로맨틱한
숙소를 찾고 있다면 반얀트리 랑꼬.

다낭국제공항에서 50킬로미터쯤 떨어진 데 위치한 반얀트리 랑꼬. 차로 1시간 10분 정도 걸리지만 왕복 픽업 서비스를 제공해 오가는 건 불편하지 않다. 라군 풀 빌라, 비치 풀 빌라, 1~3개의 베드룸이 딸린 시뷰 힐 풀 빌라 등의 객실 타입. 모든 객실에 수영장이 있다. 인테리어는 반얀트리답게 호화롭다. 나무랄 데 없는 시설과 서비스. 요가 클래스, 농장 체험, 커피 클래스, 과일 조각, 카약 등의 액티비티를 운영해 종일 호텔에 머물러도 심심할 틈이 없다. 반얀트리 스파의 마사지 실력과 분위기는 두말하면 입 아프다.

주소 Laguna Lăng Cô, Phú Lộc **전화** 0234-3695-888 **홈피** www.banyantree.com
체크인 15:00 **체크아웃** 12:00 **지도** MAP BOOK 2ⓑ

❌ **RESTAURANT**
아주라 | 해변의 레스토랑. 신선한 해산물과 지중해풍 요리를 낸다. 11시부터 6시까지 영업.
사프란 | 언덕 위에 자리 잡은 레스토랑으로 태국 요리 전문 파인 다이닝. 저녁 식사만 제공.
워터 코트 | 베트남과 인터내셔널 요리를 선보인다. 뷔페식 아침 식사와 저녁 식사 가능.
데스티네이션 다이닝 | 독립된 공간에서 즐기는 로맨틱한 저녁 식사.

푸라마 리조트 다낭
Furama Resort Danang
★ ★ ★ ★ ★

SPECIAL
1 미케 비치를 마주 보는 메인 수영장
2 아이들이 놀기 좋은 0.5미터 높이의 라군 풀
3 전망 좋은 발코니

COMMENT
빌라 전용 수영장이 딸린 푸라마 빌라스 Furama Villas도 있다. 푸라마 리조트보다 푸라마 빌라스가 높은 가격대.

미케 비치 앞에 위치한 리조트. 총 객실 수가 198개로 규모가 상당하다. 해변의 5성급 리조트 중에서는 시내와 가까운 위치. 공항과 다낭 시내를 오가기 편하다. 외관부터 휴양지 느낌이 물씬 풍기는 숙소. 2~3개의 방이 딸린 풀 빌라는 베트남 스타일과 프랑스 식민지풍의 건축 양식이 어우러져 있다. 객실은 약간 올드한 느낌이 있으나 관리 상태는 좋은 편. 바다, 열대 정원, 수영장이 보이는 테라스 전망은 덤이다. 푸라마 리조트 다낭의 하이라이트는 역시 크고 넓은 수영장. 바다를 마주 보는 메인 수영장이 근사하다.

주소 105 Võ Nguyên Giá, Đà Nẵng **전화** 0236-3847-333 **홈피** www.furamavietnam. com **체크인** 14:00 **체크아웃** 11:00 **지도** MAP BOOK 9ⓓ

✗ **RESTAURANT**
카페 인도차이나 | 베트남, 중국, 태국, 인도 등 아시아 요리와 해산물에 주력한다.
돈 치프리아니 | 이탈리아 음식이 메인이다. 이탈리아에서 공수한 재료들로 만든 요리들.
더 팬 | 스테이크 전문. 일본산, 미국산 쇠고기를 쓴다. 화, 목, 토요일엔 댄스 공연을 펼친다.

풀만 다낭 비치 리조트
Pullman Danang Beach Resort
★★★★★

SPECIAL
1. 공항행 셔틀버스와
   호이안행 셔틀버스 유료 운행
2. 어린이를 위한 액티비티 프로그램
3. 아코르 멤버십 회원에게는 등급별로
   혜택 제공
4. 프라이빗 비치에서 즐기는
   해양 스포츠

COMMENT
액티비티 프로그램 중 일부는 무료, 일
부는 유료다.

프라이빗 비치의 쾌적함을 누릴 수 있는 바닷가 숙소, 풀만 다낭 비치 리조
트. 아시아 태평양 경제 협력체 APEC 회의 기간 문재인 대통령이 묵었던 호
텔이다. 살뜰히 가꾼 아름다운 조경이 내다보이는 슈페리어 룸과 디럭스 룸,
스위트 룸 등 다양한 객실 타입이 있다. 인테리어에는 목재를 적극 사용했고
우아한 장식들로 포인트를 주었다. 룸 컨디션이 아주 좋은 편. 전용 해변에서
서핑, 카약, 제트스키 등의 액티비티를 즐길 수 있다. 요일마다 달라지는 어
린이를 위한 액티비티 프로그램도 운영.

주소 101 Nguyên Giáp, Đà Nẵng **전화** 0236-3958-888 **홈피** www.pullman-danang.
com **체크인** 15:00 **체크아웃** 12:00 **지도** MAP BOOK 9Ⓓ

✗ **RESTAURANT**
에피스 | 풀만 다낭 비치 리조트의 메인 레스토랑. 다국적 요리를 낸다.
아주르 비치 라운지 | 부드러운 백사장에 꾸민 공간. 식사와 음료 모두 가능.
인피니티 바 | 칵테일과 함께 라이브 음악에 취하는 시간.

하얏트 리젠시
다낭 리조트 & 스파
Hyatt Regency Danang Resort & Spa
★ ★ ★ ★ ★

SPECIAL
1 얕고 넓은 유아용 수영장
2 주방 시설이 있는 레지던스 선택 가능
3 무료 키즈 클럽 운영
4 호이안행 유료 셔틀버스 운행

COMMENT
넓은 수영장과 레지던스 객실. 아이 동반
가족 여행, 휴양이 목적이라면 더없이 좋
은 선택이다.

가족 단위 여행객에게 안성맞춤인 멋진 바다 전망의 리조트. 1~3개 베드룸
과 주방 시설이 있는 레지던스로 구성돼 있다. 레지던스는 집 형태로 취사가
가능해 가족끼리 오붓하게 머물기 좋다. 안내도를 펼쳐야 할 만큼 규모가 큰
곳. 조식당이 붐비는 시간에는 대기가 필요할 때도 있다. 오전 7시 30분부터
9시 30분까지가 제일 혼잡한 시간이다. 근처에 오행산이 있고 주변이 휑하
며 다낭 시내까지의 거리가 좀 있지만, 리조트에서 보내는 달콤한 시간이 목
적이라면 문제없다.

주소 5 Trường Sa, Đà Nẵng **전화** 0236-3981-234 **홈피** www.hyatt.com **체크인** 14:00
체크아웃 12:00 **지도** MAP BOOK 9ⒻⒻ

✖ **RESTAURANT**
그린 하우스 | 뷔페식 아침 식사 제공. 점심과 저녁에는 이탈리아 음식을 주로 낸다.
풀 하우스 | 점심과 저녁 식사, 베트남 요리에 주력한다.
비치 하우스 | 바다 전망의 레스토랑. 저녁 식사만 가능하다.
테라스 | 칵테일 바로 해피 아워가 있다.

시타딘 블루 코브 다낭
Citadines Blue Cove Danang
★★★★

SPECIAL
1 다낭국제공항, 다낭 시내를 오가는 무료 셔틀버스 운행
2 멋진 전망의 24K 골드 인피니티 풀

COMMENT
호텔 옆에 원더파크가 위치한다. 작은 규모지만 세계 각국의 랜드마크 건축물을 축소형으로 만들어 놓았다.

다낭 시내에서 살짝 벗어나 있지만 무료로 이용할 수 있는 45인승 셔틀버스를 운행해 불편하지 않다. 다낭국제공항, 빈컴 센터, 참 조각 박물관, 미케 비치 등을 편하게 오갈 수 있다. 객실 타입은 스튜디오 디럭스, 이그제큐티브 룸, 가족들이 함께 지내기 좋은 1~3 베드룸 아파트까지 다양하다. 객실 인테리어는 현대적이며 금빛으로 하이라이트를 주었다. 시타딘 블루 코브 다낭의 자랑거리는 멋진 전망의 골드 인피니티 풀. 29층의 야외 수영장으로 24K 금을 건축 자재로 이용한 점이 눈에 띈다.

주소 Số 1 Lê Văn Duyệt, Đà Nẵng 전화 0236-3878-888 홈피 www.citadines.com
체크인 14:00 체크아웃 12:00 지도 MAP BOOK 8④

✗ **RESTAURANT**
호라이즌 레스토랑 | 베트남 음식과 아시아 요리, 서양식까지 총망라한다.

나만 리트리트
Naman Retreat
★ ★ ★ ★ ★

SPECIAL
1 예약 시 1일 3식 제공 선택 가능
2 넓은 메인 수영장
3 호이안행 무료 셔틀버스 운행
4 다양한 유료 액티비티 프로그램
5 매일 50분의 무료 스파(만 16세 이상)

COMMENT
다낭과 호이안 중간에 놓여 있다. 관광에는 다소 애매한 위치. 가격대가 높게 형성돼 있다.

베트남의 전통과 문화, 현대적인 매력을 한데 녹였다. 한적한 바닷가에 위치하며 자연 친화적인 분위기로 웰니스에 초점을 맞췄다. 스파 인클루시브 호텔로 객실 이용료에 1일 50분의 스파 이용 포함. 객실 타입은 디럭스 룸인 바빌론 룸, 개인 풀이 딸린 풀 빌라가 있다. 프라이버시가 확실히 보장되고 개인 버틀러 서비스를 이용할 수 있는 3 베드룸 풀 빌라는 가족 여행을 위한 숙소로 알맞다. 요가, 등불 만들기, 오행산 투어, 수영 레슨 등 액티비티 프로그램을 운영한다. 한국어 가능한 직원이 있다.

주소 Trường Sa, Đà Nẵng 전화 0236-3959-888 홈피 www.namanretreat.com
체크인 14:00 체크아웃 12:00 지도 MAP BOOK 3ⓖ

🍴 **RESTAURANT**
헤이헤이 레스토랑 | 창의적인 느낌의 전통 요리. 독특한 인테리어로 국제 건축상을 수상했다.

빈펄 리조트&스파 다낭
Vinpearl Resort & Spa Danang
★ ★ ★ ★ ★

SPECIAL
1 가족끼리 오붓하게 머물 수 있는
   독채 풀 빌라
2 베이비 시터 서비스와 무료 키즈 클럽
3 아이들도 물놀이하기 좋은
   다양한 높이의 수영장

COMMENT
2018년 오픈한 남호이안 빈펄 리조트는
워터파크, 사파리, 골프장, 에코팜 시설
까지 갖췄다. 더욱 업그레이드된 모습.

다낭과 호이안, 나짱, 푸꾸옥 등 베트남 휴양지에 고루 분포돼 있는 베트남 리조트 체인 빈펄. 다낭에만 빈펄 리조트가 세 군데 있다. '빈펄 1'로 불리는 다낭 빈펄 럭셔리 리조트, 빈펄 2로 불리는 빈펄 리조트 & 스파 다낭은 오행산 앞 논 느억 비치에 위치한다. 다낭 시내에는 빈펄 콘도텔 리버프런트 다낭이 있다. '빈펄 2'는 독채 풀 빌라로만 구성. 가족 단위로 즐겨 찾는 곳이라 키즈 클럽이 잘 되어 있고 수영장 시설도 훌륭하다.

주소 23 Trường Sa, Đà Nẵng 전화 0236-3878-888 홈피 www.vinpearl.com 체크인 14:00 체크아웃 12:00 지도 MAP BOOK 9ⓕ

🍴 RESTAURANT
몬순 라운지 | 수영장 근처의 휴식 공간. 칵테일과 가벼운 간식.
트리톤 바 | 커피와 브런치, 애프터눈 티, 타파스와 와인 등을 낸다.
트리톤 레스토랑 | 세 군데 있다. 베트남식, 아시아 요리, 서양식 등 다양한 메뉴.

인터컨티넨탈 다낭 선 페닌슐라 리조트

Intercontinental Danang Sun
Peninsula Resort

★ ★ ★ ★ ★

SPECIAL

1 다낭 시내, 호이안행
   무료 셔틀버스 운행
2 클럽 룸 이용 시 라운지 입장, 미니바
무료, 버틀러 서비스 등 특별한 혜택 제공
3 어린이를 위한 리조트 가든 풀
4 IHG 리워즈 클럽에게는 음료 바우처 등
   특별한 혜택
5 선 페닌슐라 공항 라운지 보유

COMMENT

원숭이가 많기로 소문난 산에 자리해 발코니에 종종 원숭이가 출몰한다. 놀라지 말 것.

이국적인 럭셔리 리조트의 왕으로 불리는 세계적인 건축가 빌 벤슬리의 작품. 이 리조트를 짓기 전 독특한 건축학적 요소를 살리기 위해 베트남의 절, 황제의 무덤, 마을 등을 수차례 방문했다고. 린응 사원이 있는 선짜 반도에 위치한다. 울창한 산과 바다에 둘러싸여 휴양에 알맞은 입지. 우아하고 고풍스럽게 꾸며진 객실에서는 천혜의 자연이 한눈에 담긴다. 일부 객실에는 전용 수영장 시설이 딸려 있다. 5성급 호텔답게 수준 높은 서비스는 기본. 호캉스를 위한 숙소라면 최상의 선택이다. 다낭 시내, 호이안행 셔틀버스 무료 이용 가능.

주소 Bãi Bắc, Sơn Trà, Đà Nẵng 전화 0236-3938-888 홈피 www.danang.intercontinental.com 체크인 14:00 체크아웃 12:00 지도 MAP BOOK 8ⓑ

✖ **RESTAURANT**

시트론 리조트 | 내 가장 큰 식당. 높은 곳에 위치해 바다 전망이 매력적인 레스토랑.
베어풋 카페 | 지중해식 음식을 낸다. 스페인, 이탈리아, 프랑스 남부, 모로코의 음식들.
라 메종 1888 | 미슐랭 스타 셰프가 요리하는 프렌치 레스토랑. CNN이 선정한 세계 최고의 레스토랑 10곳에 이름을 올렸다.
롱 바 | 세련된 현대식 라운지 느낌의 바. 매일 오후 5~7시는 해피 아워.
버팔로 | 바 라 메종 1888 안에 있는 아늑한 바. 와인, 위스키, 보드카 등을 마실 수 있다.

노보텔 다낭 프리미어 한 리버
Novotel Danang Premier Han River
★ ★ ★ ★ ★

SPECIAL
1 1일 3회 호이안행 유료 셔틀버스 운행
2 발코니에서 바라보는 한강 전망
3 매일 요가 클래스 운영
4 애프터눈 티와 칵테일이 제공되는
   이그제큐티브 라운지

COMMENT
소음에 예민하다면 고층 객실은 패스.

다낭 시내 한복판에 위치한 노보텔 다낭 프리미어 한 리버. 한강변의 랜드마크 빌딩이다. 다낭국제공항, 다낭 시내 관광지로의 접근성이 좋아 관광을 목적으로 하는 여행자에게 적합한 호텔. 슈페리어, 디럭스 등 일반 객실뿐 아니라 풀 옵션 주방 시설을 갖춘 스튜디오 아파트형 룸 타입도 있다. 방이 둘, 셋 딸린 아파트는 가족 여행 숙소로 제격! 객실의 발코니에서 한강과 용교가 보인다. 일부러 나가지 않아도 한강의 밤 풍경을 볼 수 있는 전망 좋은 잠자리.

주소 36 Bạch Đằng, Đà Nẵng 전화 0236-3929-999 홈피 www.novotel-danang-premier.com 체크인 14:00 체크아웃 12:00 지도 MAP BOOK 6ⓓ

✖ **RESTAURANT**
더 스퀘어 | 아침과 점심, 저녁은 물론 선데이 브런치, 바비큐 뷔페로도 운영한다.
스플래시 | 풀 바 한강이 보이는 수영장에서 칵테일 한잔!

홀리데이 비치 다낭 호텔 & 리조트

Holiday Beach Danang
Hotel & Resort

★ ★ ★ ★

SPECIAL

1 호이안행 셔틀버스 무료 운행
2 미케 비치가 보이는 오션뷰 전망
3 투숙객이라면 선베드와
　파라솔 무료 이용

COMMENT

적은 예산으로 바다가 보이는 숙소를
예약하고 싶다면 추천. 방은 수수하다.

총 93개의 객실을 보유한 4성급 숙소. 슈페리어 룸, 디럭스 룸, 스튜디오 룸, 주니어 스위트 비치 프론트 등 다양한 타입의 객실을 운영한다. 인테리어는 군더더기 없는 심플한 스타일. 미케 비치가 코앞이라 객실에서 바다가 보이는 오션뷰 전망이다. 저렴한 가격대로 바다가 보이는 호텔을 예약하고 싶다면 괜찮은 선택. 아주 작은 규모지만 옥상에 수영장이 있고 조촐하게 무료 키즈 클럽을 운영한다. 투숙객은 선베드와 파라솔을 자유롭게 이용할 수 있다. 나름 있을 건 다 있는!

주소 300 Võ Nguyên Giáp 전화 0236-3967-777 홈피 www.holidaybeachdanang.com
체크인 14:00 체크아웃 12:00 지도 MAP BOOK 9ⓑ

✕ **RESTAURANT**

홀리데이 비치 클럽 | 70석 규모의 해변 레스토랑. 파라솔 아래서 음료 또는 식사를!
스카이 바 | 칵테일 등 주류와 간단한 먹을거리를 제공한다.
알로하 레스토랑 | 아침, 점심, 저녁 시간 모두 영업하는 레스토랑.

브릴리언트 호텔
Brilliant Hotel
★ ★ ★ ★

1 17층 루프탑 바 운영
2 한강변에 위치

다낭의 중심. 한강변에 위치한 브릴리언트 호텔. 전망이 있는 객실을 선택하면 방에서 한강과 용교를 한눈에 담을 수 있다. 객실이 깔끔하고 룸 컨디션도 좋은 편. 가성비 좋은 4성급 호텔로 꼽힌다. 직원들이 하나같이 친절하며 조식도 이만하면 흡족하다. 17층은 루프탑 바인 브릴리언트 바로 운영한다. 한강의 야경을 누리기 좋은 공간. 스테이크로 저녁 식사 또는 칵테일 한잔에 적합하다. 투숙객에게는 스테이크 할인 쿠폰을 제공한다.

주소 162 Bạch Đằng, Đà Nẵng 전화 0236-3222-999 홈피 www.brillianthotel.vn
체크인 14:00 체크아웃 12:00 지도 MAP BOOK 7ⓓ

파리스 델리
다낭 비치 호텔
Paris Deli Danang Beach Hotel
★ ★ ★ ★

1 다낭국제공항 무료 픽업
2 미케 비치가 보이는 오션뷰 객실
3 탁 트인 옥상의 수영장

140여 개의 객실이 있는 4성급 파리스 델리 다낭 비치 호텔. 오픈한 지 오래되지 않아 깔끔한 시설을 자랑한다. 미케 비치 바로 앞의 늘씬한 호텔 가운데 하나. 23층 규모로 슈페리어 룸과 디럭스 룸, 간단한 주방 시설이 포함된 아파트형 객실을 갖췄다. 현대적인 스타일의 객실, 룸 컨디션은 좋은 편이다. 바다 풍경이 보이는 오션뷰 객실이 있다. 규모가 아담한 게 아쉽지만 옥상에 탁 트인 수영장이 매력적. 무료 공항 픽업 서비스를 제공한다.

주소 236 Võ Nguyên Giáp, Đà Nẵng 전화 0236-3896-666 홈피 www.parisdelihotel.com 체크인 14:00 체크아웃 12:00 지도 MAP BOOK 8ⓕ

만딜라 비치 호텔
Mandila Beach Hotel
★ ★ ★ ★

SPECIAL
1 하늘을 마주 보는 인피니티 풀
2 오픈한 지 얼마 안 된 호텔

오픈한 지 얼마 안 된 호텔이라 시설이 매우 쾌적하다. 우드톤의 객실, 푹신한 침구가 마음에 드는 호텔이다. 청량감이 느껴지는 파란색이 포인트 컬러. 3개의 침실과 주방 시설을 보유한 3 베드룸 아파트먼트는 가족 숙박객에게 알맞은 객실이다. 체크인 후 웰컴 과일을 가져다준다. 19층 꼭대기에 바다와 하늘을 마주 보는 인피니티 풀이 있다. 해변이 내려다보이는 시원스러운 전망으로 인생샷 명당!

주소 218 Võ Nguyên Giáp, Đà Nẵng   전화 0236-7306-666   홈피 www.mandilabeach hotel.com   체크인 14:00   체크아웃 12:00   지도 MAP BOOK 8Ⓕ

존 부티크 빌라
John Boutique Villa
★ ★ ★ ★

SPECIAL
1 자연친화적인 분위기
2 세심한 서비스
3 간단한 주방 시설이 딸린 객실

건물 전체가 싱그러운 식물에 둘러싸인 부티크 호텔, 존 부티크 빌라. 작은 규모지만 거의 모든 게 완벽하다. 객실은 세련되고 모던한 스타일로 간단한 식기를 갖춘 주방이 딸렸다. 문을 열자마자 상큼한 아로마 향이 콧속으로 훅 스민다. 조식은 과일과 음료 등만 뷔페식으로 차리고 취향껏 고를 수 있는 주문식 메뉴를 제공한다. 1층에 아담한 크기의 수영장이 있다. 세심한 배려가 돋보이는 호텔.

주소 64 Lê Manh Trinh, Đà Nẵng   전화 0123-9990-123   체크인 14:00   체크아웃 12:00   지도 MAP BOOK 8Ⓓ

하다나 부티크 호텔
Hadana Boutique Hotel
★ ★ ★

SPECIAL
1️⃣ 저렴한 숙박 요금
2️⃣ 케이 마트와 가까운 위치

비수기, 서둘러 예약하면 성인 2인 숙박을 하룻밤 3만 원대에 해결할 수 있을 만큼 저렴한 가격이다. 군더더기 없는 심플한 인테리어, 깔끔한 시설. 온화한 얼굴로 맞아주는 직원의 서비스가 이 호텔의 강점이다. 아침 식사는 간단하다. 한강교에서 미케 비치로 이어지는 다소 애매한 위치지만 가성비는 훌륭하다. 큰 길 건너편에 한국인이 운영하는 노아 스파와 한국 식료품을 구할 수 있는 케이 마트가 위치한다.

주소 Phạm Văn Đồng, Đà Nẵng **전화** 0236-3923-666 **홈피** www.hadanaboutiqueda nang.com **체크인** 14:00 **체크아웃** 12:00 **지도** MAP BOOK 8ⓔ

모나르케 호텔
Monarque Hotel
★ ★ ★ ★

SPECIAL
1️⃣ 애프터눈 티 제공
2️⃣ 2017년에 지은 신축 호텔

큰길 하나만 건너면 미케 비치가 있다. 고풍스러운 무드의 로비. 2017년에 문을 연 신축 호텔로 청결한 시설을 자랑한다. 아늑하게 꾸민 객실은 편안한 잠자리로 제격이다. 오후 3시부터 5시 30분 사이에는 투숙객에게 애프터눈 티를 무료로 제공한다. 작은 규모가 아쉽지만 옥상에 야외 수영장이 있다. 객실 청결 상태와 편안함. 직원들의 서비스, 조식 등 다방면에서 두루 좋은 평가를 받고 있는 호텔.

주소 238 Võ Nguyên Giáp, Đà Nẵng **전화** 0236-3588-888 **체크인** 14:00 **체크아웃** 12:00 **지도** MAP BOOK 8ⓔ

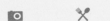 SIGHTSEEING RESTAURANT CAFE NIGHTLIFE SHOPPING MASSAGE & SPA RESORT & HOTEL

PART 4

호이안

HOI AN

호이안 전도

안방 비치

안방 비치
Bãi biển An Bàng

Lạc Long Quân

Lạc Long Quân

Nguyễn Tất Thành,

Nguyễn Tất Thành,

구시가 주변

Nguyễn Tất Thành,

Hai Mươi Tám tháng Ba

Hùng Vương

구시가 중심

내원교
Lai Viễn Kiều

탄하 테라코타 파크
Công Viên Đất Nung Thanh Hà

투본강
Sông Thu Bồn

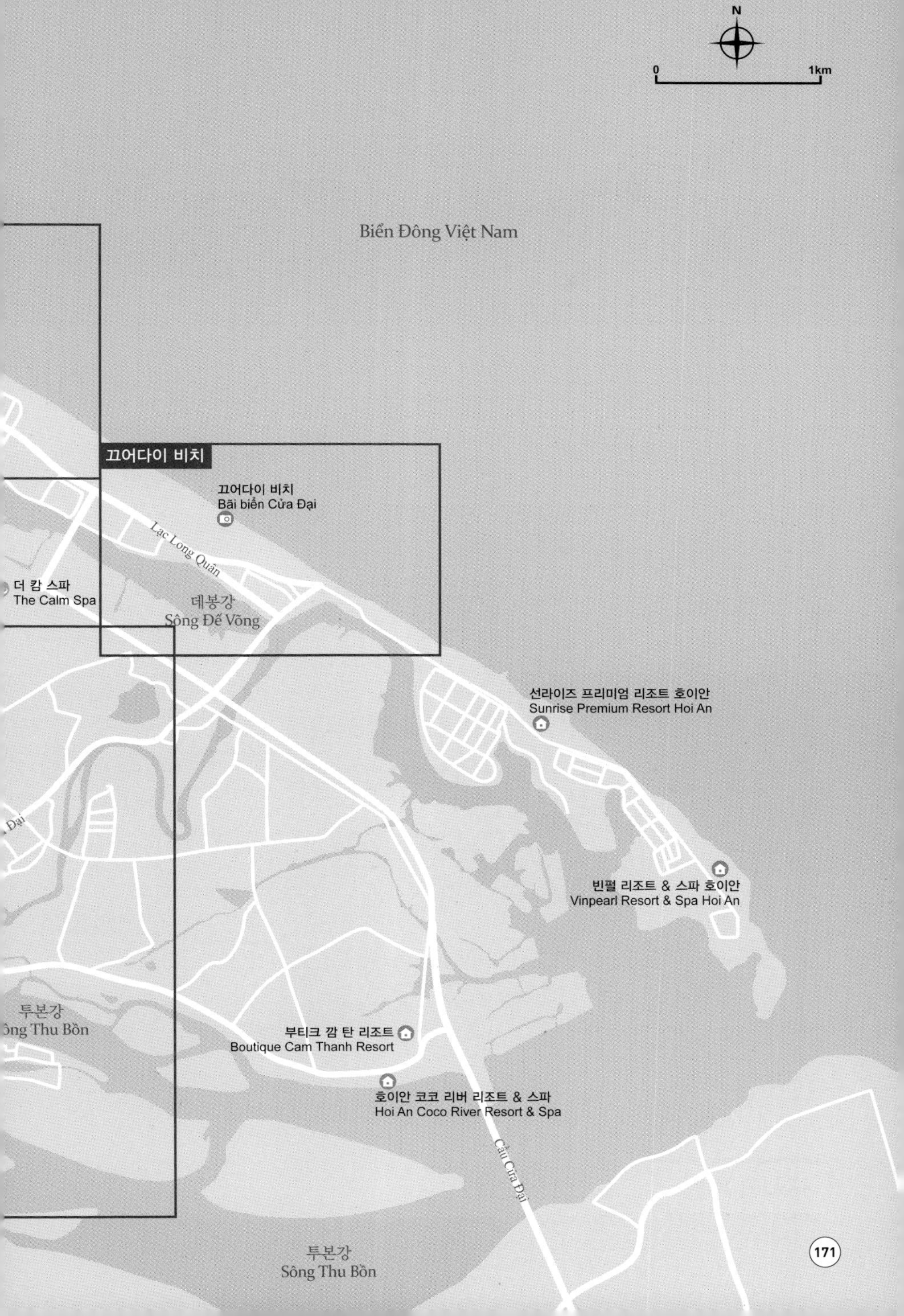

Biển Đông Việt Nam

N

0 1km

꼬어다이 비치

꼬어다이 비치
Bãi biển Cửa Đại

Lạc Long Quân

더 캄 스파
The Calm Spa

데봉강
Sông Đế Võng

Đại

선라이즈 프리미엄 리조트 호이안
Sunrise Premium Resort Hoi An

빈펄 리조트 & 스파 호이안
Vinpearl Resort & Spa Hoi An

투본강
ông Thu Bồn

부티크 깜 탄 리조트
Boutique Cam Thanh Resort

호이안 코코 리버 리조트 & 스파
Hoi An Coco River Resort & Spa

Cầu Cửa Đại

투본강
Sông Thu Bồn

다한 스파
Dahan Spa

호이안 실크 빌리지
Hoi An Silk Village

호이안 신세러티 호텔 & 스파
Hoi An Sincerity Hotel & Spa

판다누스 스파
Pandanus Spa

호이안 디스커버리
Hoi An Discovery

골든 펄 호이안 호텔
Golden Pearl Hoi An Hotel

Nguyễn Tất Thành

Lê Hồng Phong

Hai Bà Trưng

Hai Bà Trưng

박당 호이안 호텔
Bach Dang Hoi An Hotel

알마니티 호이안 웰니스 리조트
Almanity Hoi An Wellness Resort

라 시에스타 호이안 리조트 & 스파
La Siesta Hoi An Resort & Spa

호로꽌
Hồ Lô Quán

Lý Thường Kiệt

비너스 호텔 & 스파
Venus Hotel & Spa

화이트로즈 스파
White Rose Spa

팔마로사 스파
Palmarosa Spa

더 케밥 쉑
The Kebab Shack

호이안 실크 럭셔리 호텔 & 스파
Silk Luxury Hotel & Spa

Hùng Vương

Trần Hưng Đạo

호이안 센트럴 부티크 호텔 & 스파
Hoi An Central Boutique Hotel & Spa

라 레지덴시아
La Residencia

코지 호이안 부티크 빌라
Cozy Hoi An Boutique Villas

아틀라스 호텔 호이안
Atlas Hotel Hoi An

로열 리버사이드 호이안 호텔
Royal Riverside Hoi An Hotel

라루나 회안 리버사이드 호텔 & 스파
Laluna Hoi An Riverside Hotel & Spa

Ven sông Cẩm Nam

호이안 리버타운 호텔
Hoi An River Town Hotel

리틀 호이안 부티크 호텔 & 스파
Little Hoi An Boutique Hotel & Spa

리버사이드 플럼 가든 홈스테이
Riverside Plum Garden Homestay

호이안 실크 마리나 리조트 & 스파
Hoi An Silk Marina Resort & Spa

Nguyễn Tri Phương

란타나 부티크 호텔 호이안
Lantana Boutique Hotel Hoi An

플라밍고 빌라 호이안
Flamingo Villa Hoi An

호이안 오디세이 호텔
Hoi An Odyssey Hotel

투본강
Sông Thu Bồn

N

구시가 주변

0   500m

호이안 치크 호텔
Hoi An Chic Hotel

Nguyễn Trãi

Cửa Đại

호이안 트레일스 리조트 & 스파
Hoi An Trails Resort & Spa

이스트 웨스트 빌라 호이안
East West Villas Hoi An

ᅵ 호이안 부티크 빌라
hi Hoi An Boutique Villa

젠 부티크 빌라 호이안
Zen Boutique Villa Hoi An

라센타 부티크 호텔 호이안
Lasenta Boutique Hotel Hoi An

Cửa Đại

딩고 델리
Dingo Deli

호이안 에인션트 하우스 빌리지 리조트 & 스파
Hoi An Ancient House Village Resort & Spa

피그 트리 부티크 빌라
Fig Tree Boutique Villa

호이안 가든 팰리스 & 스파
Hoi An Garden Palace & Spa

ng Kiệt

벨 메종 하다나 호이안 리조트 & 스파
Belle Maison Hadana Hoi An Resort & Spa

Cửa Đại

호이안 워터웨이 리조트
Hoi An Waterway Resort

아난타라 호이안 리조트
Anantara Hoi An Resort

리버사이드 화이트 하우스 빌라
Riverside White House Villas

투본강
Sông Thu Bồn

투본강
Sông Thu Bồn

구시가 중심

N

0　　　　　　　100m

그릭 수블라키
Greek Souvlaki

Thái Phiê

Trần Cao Vân

반미 마담 칸
Bánh Mì Madam Khánh

시 쉘
Sea Shell

호이
Bảo Tả

Vinh Hung Library Hotel
빈 홍 라이브러리 호텔

Hai Bà Trưng

에스프레소 스테이션
Espresso Station

Trần Hưng

티 가든 홈스테이
Tea Garden Homestay

메티세코
Metiseko

쩐 가족 사당
Nhà Thờ Cổ

Phan Chu Trinh

시크릿 가든
Secret Garden

퍼 리엔
Phở Liễn

Hai Bà Trưng

Lê Lợi

왓 엘스 카페
What Else Cafe

로지스 카페
Rosie's Café

못 호이안
Mót Hội An

핀 커피
Phin
Coffee

파이포 커피
Faifo Coffee

리칭 아웃 티 하우스
Reaching Out Tea House

도자기 무역 박물
Bảo Tàng Gốm Sứ Mậu D

풍흥 고가
Nhà Cổ Phùng Hưng

광둥 회관
Hội Quán Quảng Đông

내원교
Lai Viễn Kiều

Trần Phú

호이안 로스터리
Hoi An Roastery

싸후인 문화 박물관
Bảo Tàng Văn Hóa Sa Huỳnh

호이안 로스터리
Hoi An Roastery

득안 고가
Nhà Cổ
Đức An

큐 바
Q Bar

다이브 바
Dive Bar

Lê Lợi

징코
Ginkgo

투본강
Sông Thu Bồn

홈 호이안
Home Hoi An

Nguyễn Thái Học

망고 룸스
Mango Rooms

더 카고 클럽
The Cargo Club

꽌탕
Nhà Cổ Quân Th

모닝 글로리
Morning Glory

떤끼 고가
Nhà Cổ Tấn Ký

화이트 마블 와인 바
White Marble Wine Ba

호이안 야시장
Chợ Đêm Hội An

La Hối

일레븐 커피
11 Coffee

Nguyễn Hoàng

Châu Thượng Văn

아트 스파
Art Spa

룬 퍼포밍 센터 호이안
Lune Performing Center Hoi An

Nguyễn Phúc Tần

Lưu Quý Kỳ

코랄 스파
Coral Spa

문스 홈스테이
Moon's Homestay

Ngô Quyền

Nguyen Phuc Nguyen

더 빌리지 홈스테이
The Village Homestay

Ngô Quyền

174

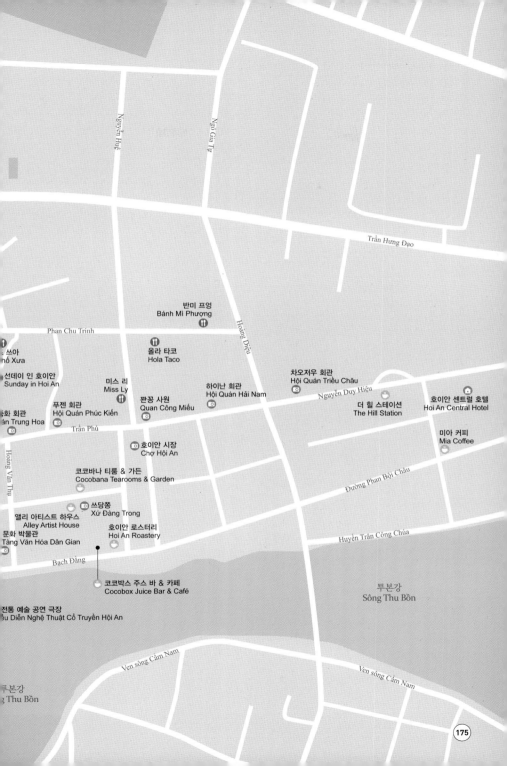

Nguyễn Huệ

Ngô Gia Tự

Trần Hưng Đạo

반미 프엉
Bánh Mì Phượng

Phan Chu Trinh

Hoàng Diệu

쓰아
hố Xưa

올라 타코
Hola Taco

선데이 인 호이안
Sunday in Hoi An

미스 리
Miss Ly

차오저우 회관
Hội Quán Triều Châu

하이난 회관
Hội Quán Hải Nam

푸젠 회관
Hội Quán Phúc Kiến

꽌꽁 사원
Quan Công Miếu

화 회관
ān Trung Hoa

Nguyễn Duy Hiệu

더 힐 스테이션
The Hill Station

호이안 센트럴 호텔
Hoi An Central Hotel

Hoàng Văn Thụ

Trần Phú

미아 커피
Mia Coffee

호이안 시장
Chợ Hội An

코코바나 티룸 & 가든
Cocobana Tearooms & Garden

Đường Phan Bội Châu

앨리 아티스트 하우스
Alley Artist House

쓰당쫑
Xứ Đàng Trong

호이안 로스터리
Hoi An Roastery

문화 박물관
Tàng Văn Hóa Dân Gian

Huyện Trần Công Chúa

Bạch Đằng

코코박스 주스 바 & 카페
Cocobox Juice Bar & Café

투본강
Sông Thu Bồn

전통 예술 공연 극장
ầu Diễn Nghệ Thuật Cổ Truyền Hội An

투본강
g Thu Bồn

Ven sông Cẩm Nam

Ven sông Cẩm Nam

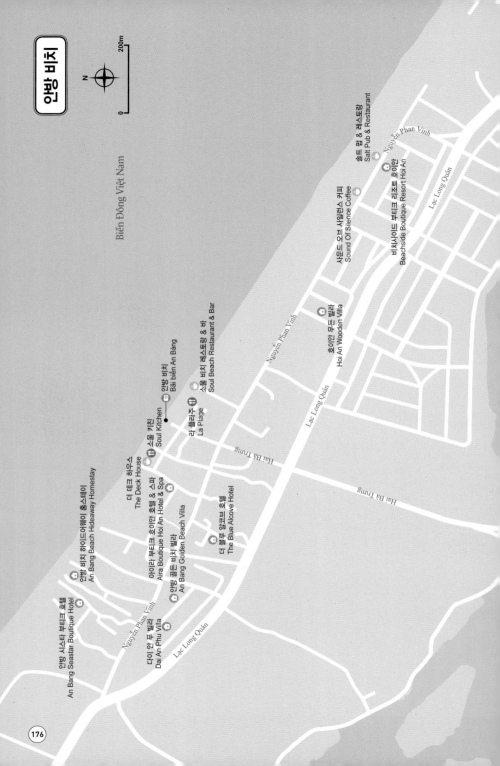

안방 비치

N

0 ___ 200m

Biển Đông Việt Nam

안방 시스타 부티크 호텔
An Bang Seastar Boutique Hotel

안방 비치 하이드어웨이 홈스테이
An Bang Beach Hideaway Homestay

더 데크 하우스
The Deck House

아이라 부티크 호이안 호텔 & 스파
Aira Boutique Hoi An Hotel & Spa

안방 골드 비치 빌라
An Bang Golden Beach Villa

다이 안 푸 빌라
Dai An Phu Villa

소울 키친
Soul Kitchen

안방 비치
Bãi biển An Bang

더 블루 알코브 호텔
The Blue Alcove Hotel

더 쁠라쥬
La Plage

소울 비치 레스토랑 & 바
Soul Beach Restaurant & Bar

Nguyễn Phan Vinh

Lạc Long Quân

Hai Bà Trưng

Hai Bà Trưng

Nguyễn Phan Vinh

Lạc Long Quân

호이안 우드 빌라
Hoi An Wooden Villa

사운드 오브 사일런스 커피
Sound Of Silence Coffee

솔트 펍 & 레스토랑
Salt Pub & Restaurant

Nguyễn Phan Vinh

비치사이드 부티크 리조트 호이안
Beachside Boutique Resort Hoi An

Lạc Long Quân

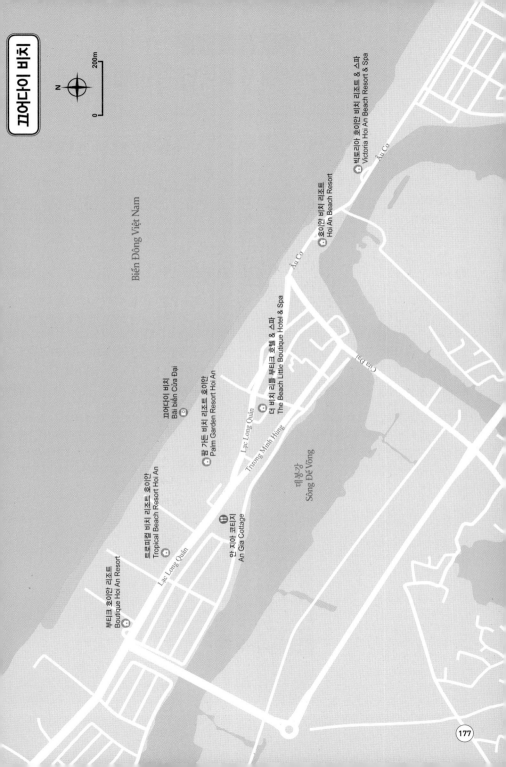

꾸어다이 비치

N
200m
0

Biển Đông Việt Nam

꾸어다이 비치
Bãi biển Cửa Đại

팜 가든 비치 리조트 호이안
Palm Garden Resort Hoi An

트로피컬 비치 리조트 호이안
Tropical Beach Resort Hoi An

부티크 호이안 리조트
Boutique Hoi An Resort

Lạc Long Quân

안 지아 코티지
An Gia Cottage

더 비치 리틀 부티크 호텔 & 스파
The Beach Little Boutique Hotel & Spa

Trương Minh Hùng

Lạc Long Quân

Âu Cơ

호이안 비치 리조트
Hoi An Beach Resort

빅토리아 호이안 비치 리조트 & 스파
Victoria Hoi An Beach Resort & Spa

Âu Cơ

Cửa Đại

데봉강
Sông Đế Võng

다낭 시내에서 호이안 가는 법

	❶ 택시 · 그랩	❷ 버스	❸ 픽업 차량 예약	❹ 호텔 셔틀버스
요금	30만~40만 동	2만 동	30만~40만 동	1인 8만~15만 동
예약	필요 없음	필요 없음	예약 필수	예약 필수
합승	개별 이용	합승	개별 이용	합승
출발지	원하는 곳	지정된 곳	원하는 곳	지정된 곳
도착지	원하는 곳	지정된 곳	원하는 곳	지정된 곳

❶ 택시 · 그랩

다낭 미케 비치에서 호이안 구시가지까지의 거리는 약 25킬로미터. 택시 또는 그랩으로 40분 정도 소요된다. 그랩 요금은 4인승 차량 기준 편도 약 30만~40만 동 선. 택시는 가격 흥정이 필요하다.

❷ 버스

다낭 대성당 근처 버스 정류장에서 1번 버스에 탑승한다. 오전 5시 30분부터 오후 5시 50분까지 운행하며 배차 간격은 20분. 요금은 1인당 2만 동이고, 차장이 요금을 걷는다. 간혹 외국인에게 요금을 더 받는 사례가 있다.

❸ 픽업 차량 예약

여행 액티비티 플랫폼 클룩, 와그, 케이케이데이 등의 앱 또는 호텔 컨시어지 서비스를 통해 픽업 차량을 사전 예약할 수 있다. 호텔에서 제공하는 개별 차량 서비스는 가격대가 다소 높아 추천하지 않는다.

❹ 호텔 셔틀버스

다낭의 일부 호텔은 호이안까지 연결되는 셔틀버스를 운행한다. 호텔에 따라 하루 1~6회. 요금은 성인 1명 기준 8만~15만 동이다. 투숙객에 한해 무료 서비스하는 곳도 있다. 정해진 시간에 맞춰 움직여야 한다는 게 단점.

🔍 알아두세요

호이안과 다낭국제공항 간의 거리는 약 30킬로미터. 택시 또는 그랩으로 50분 정도 소요된다. 호텔 컨시어지 서비스를 통하거나 여행 액티비티 플랫폼 클룩, 와그, 케이케이데이 등의 사이트를 이용해 픽업 차량을 예약해두면 마음이 한결 편안하다. 정해진 시간과 장소에 맞춰 픽업하러 온다. 호이안에서 다낭국제공항까지 편도 요금은 인원, 시간대 등에 따라 1만~3만 원대.

호이안 시내 교통편

도보
추천

호이안 구시가지는 차량 금지 구역이다. 구시가지는 긴 구간이 1킬로미터 남짓. 도보만으로도 충분하다.

택시

도보로 소화 가능한 여행지가 많아 이용 빈도가 높지 않다. 택시 회사가 여럿 있는데 티엔사 Tiên Sa, 마이린 Mai Linh, 비나선 Vinasun이 비교적 안전한 택시 회사로 꼽힌다. 택시마다 기본 요금이 조금씩 다르지만 대체로 비슷한 수준이다. 미터기를 켜고 운행하는 게 정석.

쎄옴

오토바이 택시. 혼자라면 쎄옴을 이용하는 것도 방법이다. 택시나 그랩 등 차량을 이용하는 것보다 훨씬 알뜰한 요금.

자전거

자전거를 타고 둘러보면 체력을 아낄 수 있다. 대부분의 호이안 숙소에서 자전거를 무료로 대여해준다.

그랩
추천

그랩 어플을 이용해 차량을 호출하면 내 발 앞까지 데리러 온다. 무더운 여름날 더없이 고마운 교통수단. 카카오 택시처럼 출발 지점과 목적지를 선택하면 대략적인 요금이 나온다. 탑승 후에는 등록해둔 신용카드 정보를 이용해 요금이 자동으로 결제된다.

씨클로

자전거 앞쪽을 개조, 좌석을 설치해 두 사람이 앉을 수 있도록 했다. 1인 30~40만 동을 부르지만 10~20만 동까지 재주껏 흥정.

호텔 셔틀버스

대다수의 호이안 숙소가 안방 비치로 향하는 왕복 셔틀버스를 제공한다. 적게는 1일 2회, 많게는 4회 정도. 체크인 할 때 미리 안방 비치로 가는 셔틀버스의 시간표를 알아본 뒤 출발 시간에 맞춰 로비에서 대기하자. 호텔 셔틀버스를 활용하면 구시가지와 안방 비치 구간의 왕복 교통비를 아낄 수 있다.

투본강 배

저녁 무렵 투본강을 떠다니는 배들. 색다른 시각으로 구시가지 풍경을 감상할 수 있어 인기다. 배 가격은 정찰제가 아니라서 가격이 제각각, 협의하기 나름이다. 2인 10만 동 정도면 무난하다. 흥정의 기술! '배는 꼭 타야지!' 마음먹고 왔다 해도 너무 적극적인 자세로 흥정에 임하며 괜히 기운 빼지 말자. 무심하게 돌아서면 가격이 저절로 쭉쭉 내려간다.

마사지 숍 픽업 차량

구시가지와 떨어져 있는 일부 마사지 숍은 왕복 픽업 서비스를 제공하기도 한다. 예약 시 픽업 가능 여부 문의!

SPECIAL

—

호이안 구시가지 통합 입장권

호이안 도시 관광 정책에 따라 구시가지를 방문하기 위해서는 티켓을 구매해야 한다. 구시가지로 드나드는 주요 입구에 매표소가 설치돼 있다. 방문객에게 거둔 요금은 구시가지 복원 사업과 유지, 관리에 쓰인다.

🔍 알아두세요

주요 입구에 매표소를 설치했지만 입장권의 존재를 잘 모르고 지나치는 사람이 적지 않다. 직원이 달려 나와 티켓 소지 여부를 확인하기도 하는데, 밀물처럼 사람이 몰려오는 저녁 시간에는 일일이 확인하기 역부족이다. 누구는 티켓 검사를 하고 누구는 티켓 없이 무사통과하는 불공평한 상황이 왕왕 벌어지기도 한다. 억울한 마음이 들 수는 있겠지만 어쩌겠나. 원칙은 티켓을 구매하는 것! 직원이 나타나 입장권 구매를 요구하면 괜히 얼굴 붉히지 말고 티켓을 사자. 그게 원칙이다.

❶ 통합 입장권 가격

외국인 기준 1인 12만 동

❷ 사용법

통합 입장권 한 장을 사면 구시가지 내 고가, 사원, 회관, 박물관 등의 시설 중 5곳을 골라 입장할 수 있다. 티켓을 내밀면 가위로 한 장을 오려내고 돌려준다.

❸ 통합 입장권 사용처

고가 | 풍흥 고가, 득안 고가, 떤끼 고가, 꽌탕 고가
회관 | 푸젠 회관, 차오저우 회관, 광둥 회관
박물관 | 민속 문화 박물관, 싸후인 문화 박물관, 도자기 무역 박물관, 호이안 박물관
사당 & 사원 | 꽌꽁 사원, 쩐 가족 사당
기타 | 내원교, 호이안 전통 예술 공연 극장, 쓰당쭝

❹ 사용처 추천 5곳

내원교, 풍흥 고가, 광둥 회관, 호이안 전통 예술 공연 극장, 민속 문화 박물관

내원교
Lai Viễn Kiều

호이안을 대표하는 랜드마크, 16세기 말 이곳에 정착했던 일본인이 지은 18미터의 목조 다리다. 과거 호이안은 일본인 거주지와 중국인 거주지가 나누어져 있었는데 이 다리가 놓이면서 두 마을이 육로로 연결되었다. 베트남, 일본, 중국의 문화 교류를 상징하는 건축물. 내원교 위에는 도교 사원 쭈어 꺼우 Chùa Cầu를 조성했다. 다리 양쪽 끝에는 개와 원숭이 석당이 놓였다. 2만 동짜리 지폐를 펼치면 내원교가 우아한 곡선을 뽐내고 있다.

처음 지었을 때는 확실한 일본풍이 짙었지만 일본이 쇄국 정책을 펴면서 호이안에 머물던 일본인이 빠져나갔다. 이후 지속적으로 화교들이 유입됐는데 몇 차례의 변화를 거치며 내원교에 중국 색이 입혀졌다. 원칙적으로 내원교는 통합 입장권이 있어야 지나갈 수 있다. 하지만 검표 여부는 그때그때 다르다. 다리 입구를 막고 티켓을 보여달라고 할 때가 있는 반면, 아무도 없어 제지 없이 통과할 때도 잦다. 복불복이니 운에 맡기도록!

위치 호이안 야시장에서 도보 3분 **주소** Nguyễn Thị Minh Kha, Hội An **요금** 통합 입장권 **지도** MAP BOOK 14ⓔ

📷 SIGHTSEEING

호이안 전통 예술 공연 극장

Nhà Biểu Diễn Nghệ Thuật Cổ Truyền Hội An

강변에 위치한 호이안 전통 예술 공연 극장. 간판에 영어로 'Hoi An Traditional Art Performance Theatre'라고 큼지막하게 적혀 있다. 조촐한 규모로 펼쳐지는 공연이지만 호이안 및 꽝남 지역의 민요와 무용을 즐길 수 있다. 호이안 구시가지에 들어설 때 사야 하는 통합 입장권 중 한 장의 티켓을 제시하면 입장 가능하다. 공연은 매일 3회. 오전 10시 15분, 오후 3시 15분과 4시 15분 세 차례에 걸쳐 진행된다. 서로 다른 개성을 뽐내는 네 팀이 등장해 짤막한 공연을 선보인다. 소요 시간은 약 25분 정도. 다행스럽게도 공연장 내 에어컨이 가동돼 쾌적한 환경이다.

전통 악기 연주는 좋았으나 일부 프로그램은 어설픈 감이 있어서 아쉬웠다. 그럭저럭 한 번은 볼만한 공연. 극장 1층에서는 가면 페인팅이 한창이다. 알록달록 화려한 색채의 가면들이 빼곡하게 걸려 있다. 원한다면 페인팅 체험도 가능.

위치 호이안 시장에서 도보 3분 주소 66 Bạch Đằng, Hội An 오픈 10:15, 15:15, 16:15 요금 통합 입장권 전화 0235-3861-159 지도 MAP BOOK 14ⓙ

풍흥 고가
Nhà Cổ Phùng Hưng

호이안이 번성했던 1780년에 지었다. 발코니가 딸린 2층 구조로 베트남, 일본, 중국 건축 양식이 뒤섞여 있다. 1층은 상점, 2층은 주거 공간이었다. 계피, 후추, 소금, 실크, 도자기, 유리를 취급했던 상점. 사업 번창과 성공을 기원하는 의미로 풍흥이라 불렀다. 홍수 피해가 잦던 곳이라 물건을 신속히 옮길 수 있도록 1층과 2층 사이 바닥에 네모난 구멍을 텄다. 2층에는 조상을 위패를 모셨다. 현재 8대 후손이 생활하며 베트남 전통을 반영한 수공예품을 판다.

위치 내원교에서 도보 1분 **주소** 4 Nguyễn Thị Minh Khai, Hội An **오픈** 08:00~11:30, 13:30~17:00 **요금** 통합 입장권 **지도** MAP BOOK 14ⓔ

득안 고가
Nhà Cổ Đức An

1850년에 지은 가옥. 지금 살고 있는 가문이 400여 년간 같은 터를 지켜왔다. 큰 홍수를 겪었고 몇 차례 복원이 이루어졌다. 오랜 세월을 지나며 용도가 여러 번 바뀌었다. 한때는 베트남 중부에서 가장 눈에 띄는 서점이었다. 베트남, 중국 서적은 물론 루소, 볼테르 등 프랑스 사상가들의 작품도 팔았다. 약국으로 쓰인 적도 있다. 식민지 시절엔 반프랑스 운동가들의 집결지였다. 공산당 창당을 논의했던 역사적인 장소. 베트남 역사의 중요한 장면들이 녹아 있다.

위치 내원교에서 도보 1분 **주소** 129 Trần Phú, Hội An **오픈** 08:00~21:00 **요금** 통합 입장권 **지도** MAP BOOK 14ⓔ

떤끼 고가
Nhà Cổ Tấn Ký

베트남, 일본, 중국의 건축 양식이 조화를 이룬다. 약 200년 전에 지은 집. 창문이 없지만 호이안의 무더위를 견딜 수 있도록 환기가 잘 되는 구조다. 집안은 4개의 공간으로 나뉜다. 침실, 거실, 안뜰 그리고 중국 상인을 환영하기 위한 공간으로 쓰였던 곳. 앞으로 문이 나 있다. 뒷문은 투본강과 맞닿아 있는데, 덕분에 물건을 싣고 내리기에 수월했다고. 화려한 자개 장식의 고가구로 가득하다. 당시 호이안의 번영을 짐작해볼 수 있다. 현재 7대손이 생활 중.

위치 내원교에서 도보 2분 **주소** 101 Nguyễn Thái Học, Hội An **오픈** 08:00~12:00, 13:30~17:30 **요금** 통합 입장권 **지도** MAP BOOK 14ⓙ

꽌탕 고가
Nhà Cổ Quân Thắng

150년도 더 된 오래된 건축물이다. 호이안 인근의 목공예 마을인 낌봉 Kim Bồng 장인들의 솜씨. 수년에 걸쳐 중국식으로 지었다. 외관뿐 아니라 내부 장식도 정교하게 신경 쓴 모습. 내부에는 작은 안마당이 있는데 중국에서 건너온 푸른빛 도자기로 장식했던 벽의 흔적이 남아 있다. 안쪽으로 들어가면 옛날식 부엌이 나온다. 투박한 형태가 그대로 보존돼 있다. 동양적인 멋이 돋보이는 집. 지금은 후손들이 생활 공간으로 사용하며 일부만 개방한다.

위치 내원교에서 도보 4분 **주소** 77 Trần Phú, Hội An **오픈** 09:30~18:00 **요금** 통합 입장권 **지도** MAP BOOK 14ⓕ

꽌꽁 사원
Quan Công Miếu

1653년, 삼국지에 등장하는 영웅 관우를 숭배하기 위해 건설한 사원. 용기와 충성심의 상징으로 존경받는 장군 관우, 꽌꽁은 그를 높여 부르는 호칭이다. 바다로 나가기 전후 꽌꽁 사원에 들러 행운을 기원하고 감사의 인사를 전하며 재물을 바치곤 했다. 중앙 제단에는 목재로 만든 관우 조각상이 있다. 관우의 아들 관평과 관우를 돕는 주창도 함께다. 사원의 구조는 나라를 뜻하는 한자 '국 國'자를 닮았다. 관우가 타고 다녔다는 말 적토마도 보인다.

위치 호이안 시장에서 도보 1분 주소 24 Trần Phú, Hội An 오픈 08:00~17:00 요금 통합 입장권 지도 MAP BOOK 15ⓖ

쩐 가족 사당
Nhà Thờ Cổ Tộc Trần

1802년 왕의 사절로 중국에 파견된 쩐뜨냑 Trần Tử Nhạc. 조상에 대한 감사를 표하고 후손에게 무언가를 남기고 싶어서 이 집을 지었다. 베트남, 중국, 일본의 건축 기법이 골고루 섞인 건축물. 집은 높은 담에 둘러싸여 있고 수 세기에 걸쳐 자란 식물이 넓은 정원을 덮었다. 2세기 전과 거의 동일한 상태. 아담한 사당을 둘러보고 나면, 골동품 파는 상점으로 자연스럽게 이어진다. 사당 설명을 빌미로 사람이 붙는데, 골동품 판매에 더 열을 올리는 듯.

위치 내원교에서 도보 1분 주소 21 Lê Lợi, Hội An 오픈 08:00~17:00 요금 통합 입장권 지도 MAP BOOK 14ⓕ

📷 SIGHTSEEING

호이안 시장
Chợ Hội An

강변에 서는 활기찬 시장이다. 대다수의 호이안 레스토랑이 이곳에서 신선한 식재료를 사들인다. 가장 흥미로운 코너는 채소와 과일을 취급하는 청과류 시장. 잘 익은 망고, 실한 망고스틴, 새콤달콤 패션후르츠, 가지에 매달린 채로 내놓는 바나나, 영양 만점 아보카도 등 색색의 과일을 먹음직스럽게 쌓아 올렸다. 베트남 식탁에 오르는 거의 모든 채소를 호이안 시장에서 구할 수 있다. 다소 낯선 식재료도 종종 눈에 띄어 흥미진진한 시장 구경.

고깃간도 둘러볼 만하다. 머리부터 발까지 온전하게 붙어 있는 가금류, 부위별로 잘라 늘어놓은 돼지고기와 소고기. 두툼한 나무 도마 위에 올려놓고 묵직하게 칼로 툭툭 쳐서 다듬어 판다. 바다가 지척이라 어패류, 생선 등 해산물도 부지런히 오간다. 살이 오를 만큼 올라 큼지막한 새우, 집게발이 꽁꽁 묶인 게, 미끈한 비늘의 이름 모를 생선들이 어시장에 가득하다. 일찌감치 도착하면 배에서 내리는 생선들을 볼 수도. 시장은 이른 아침에 더 활발하다.

위치 내원교에서 도보 7분 **주소** Trần Quý Cáp, Hội An **오픈** 06:00~18:00 **지도** MAP BOOK 15ⓖ

ZOOM IN

—

호이안 사람들은 뭐 먹고 살지?

그 나라의 음식 문화가 궁금하다면 재래시장에 가보면 된다. 어떤 음식을 즐기는지 굳이 책장을 뒤적거리지 않아도
한눈에 보인다. 신선한 제철 식재료를 구하기엔 역시 재래시장만 한 데가 없다.

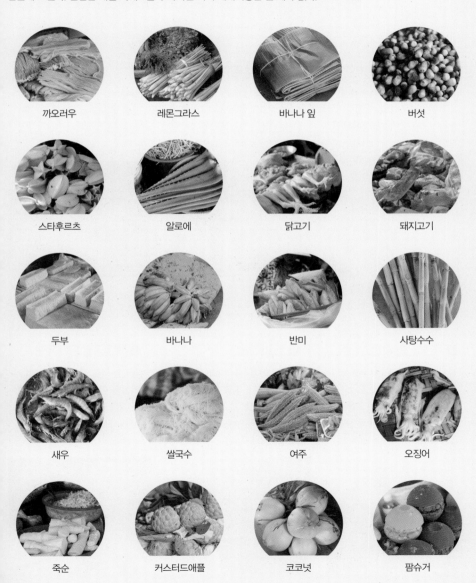

까오러우

레몬그라스

바나나 잎

버섯

스타후르츠

알로에

닭고기

돼지고기

두부

바나나

반미

사탕수수

새우

쌀국수

여주

오징어

죽순

커스터드애플

코코넛

팜슈거

SPECIAL

—

호이안 쿠킹 클래스

쿠킹 클래스와 바구니 배를 한방에 경험할 수 있는 베이 마우 에코 쿠킹 클래스 Bay Mau Eco Cooking Class를 이용해봤다. 투어는 영어로 진행. 매일 2회, 오전과 오후 중 선택할 수 있다. 오전 투어는 8시 20분부터 2시까지, 오후 투어는 1시 20분부터 6시까지. 왕복 픽업 서비스와 시원한 음료는 포함 사항.

❶ 호텔 픽업

투어 예약 시 숙소 위치를 알려주면 8시 전후로 픽업하러 온다. 소규모로 진행되는 투어지만 여럿이 함께 한다. 픽업 시간이 약간 늦어질 수 있다는 점을 염두에 두시길! 너무 초조해 말고 기다리자.

❷ 호이안 시장에서 장보기

이른 아침의 활기가 느껴지는 호이안 시장. 장바구니를 하나씩 옆에 끼고 슬렁슬렁 돌아보며 요리에 필요한 재료를 구입한다. 채소와 수산물, 육류, 향신료까지 골고루! 이름 모를 낯선 식재료의 정체가 궁금하다면 요리 선생님에게 손을 번쩍 들고 질문하도록.

❸ 투본강 뱃놀이

잠시 쉬어가는 시간. 배를 타고 베이 마우 코코넛 숲까지 간다. 차보다 낭만적인 교통수단, 배를 타고 투본강 물길을 가르며 유유자적 뱃놀이를!

❹ 코코넛 배

바구니 배에 올라 야자나무 사이를 누빈다. 직접 노를 저어 배를 움직여보고 게의 집게발을 빠르게 낚아채는 게 낚시에도 도전해보자.

❺ 베트남 쌀 문화 체험

탈곡한 벼를 절구에 넣고 빻아 껍질을 벗긴다. 체에 쳐서 쌀과 겨를 분리해내고 맷돌로 갈아 라이스 페이퍼를 직접 만들어본다.

❻ 본격 요리 시작

숲에 둘러싸인 자연 친화적인 공간에서 본격적으로 요리 시작! 이따금씩 불어오는 바람결을 느끼고 시골 마을의 평화로움을 누리며 베트남 전통 요리 네 가지를 만들어 본다.

오늘의 요리

1 반쎄오 Bánh Xèo
바삭하게 부친 쌀가루 반죽에 돼지고기와 새우, 갖은 채소를 넣고 반달 모양으로 접어준다.

2 미싸오 하이싼 Mì Xào Hải Sản
다양한 해산물과 채소를 넣어 달달 볶아낸 볶음면.

3 퍼보 하노이 Phở Bò Hanoi
소고기 고명을 듬뿍 얹은 쌀국수.

4 고이꾸온 Gỏi Cuốn
신선하게 즐기는 스프링롤.

❼ 점심 식사 해결

내 손으로 만든 베트남 음식들로 점심을 해결한다. 생각보다 양이 많아 다 먹는 건 무리일 수 있다. 테이크아웃도 가능하며 디저트로 간단한 과일을 제공한다.

쿠킹 클래스 예약 정보

베이 마우 에코 쿠킹 클래스 Bay Mau Eco Cooking Class
전 화 | 0905-131-149
홈 피 | www.baymaucooking.com
메 일 | cooking.fishing@gmail.com

그린 밤부 쿠킹 스쿨 Green Bamboo Cooking School
전 화 | 0905-815-600
홈 피 | www.greenbamboo-hoian.com
메 일 | van@greenbamboo-hoian.com

호이안 에코 쿠킹 클래스 Hoi An Eco Cooking Class
전 화 | 0983-084-085
홈 피 | www.hoianecocookingclass.com
메 일 | sales@hoianecocookingclass.com

골든 로터스 쿠킹 스쿨 Golden Lotus Cooking School
전 화 | 0935-438-748
홈 피 | www.goldenlotuscookingschool.com
메 일 | goldenlotus.hoian@gmail.com

📷 SIGHTSEEING

푸젠 회관
Hội Quán Phúc Kiến

호이안 내 향우 회관 가운데 가장 큰 규모. 명나라가 멸망한 1600년대. 베트남으로 이주해온 중국 푸젠의 화교들이 친목을 다지기 위해 건설했다. 안쪽은 제단으로 꾸몄다. 수천 마일 떨어진 곳에서도 배가 이동하는 소리를 듣는 투언 퐁니 Thuận Phong Nhĩ, 먼발치에서도 배를 볼 수 있는 티엔리냔 Thiên Lý Nhãn, 안전한 항해를 관장하는 바다의 여신 티엔허우 Thiên Hậu를 모셨다. 뱃사람들은 육지를 뜨기 전 이곳에 들러 바다의 거친 파도와 바람을 피해 목적지까지 무사히 도착할 수 있게 해달라고 기원하곤 했다. 바다를 건너올 때 탔던 배의 모형을 축소해 전시하고 호이안에 처음 발 디딘 6명의 선조 위패도 두었다.

화려한 건축 양식. 다채로운 색의 도자기 조각으로 장식했다. 곳곳에서 중국 문화를 상징하는 동물을 발견할 수 있다. 물고기는 성취, 용은 권력, 거북이는 지구력, 봉황은 귀족을 뜻한다. 중요한 연례 행사와 문화 축제의 본거지로 설날 등 특별한 날에 방문하면 더욱 흥미롭다.

위치 호이안 시장에서 도보 1분 주소 46 Trần Phú, Hội An 오픈 08:00~17:00 요금 통합 입장권 지도 MAP BOOK 15ⓖ

중화 회관
Hội Quán Trung Hoa

호이안에서 가장 오래된 향우 회관으로 1741년에 지었다. 푸젠 회관, 하이난 회관, 광둥 회관, 차오저우 회관처럼 지역을 구분하지 않은 게 특징. 출신 지역과 상관없이 중국인 모두가 자유롭게 드나들던 곳이다. 중국 어부와 상인들을 위한 쉼터였다. 안전한 항해를 도와주는 여신 티엔허우 Thiên Hậu를 모시고 있다. 이곳에 정착한 화교의 자녀들을 위한 교육 기관으로도 쓰인다.

위치 호이안 시장에서 도보 2분 **주소** 64 Trần Phú, Hội An **오픈** 07:30~17:30 **지도** MAP BOOK 15ⓖ

하이난 회관
Hội Quán Hải Nam

나고 자라온 고향을 떠나 타지에 정착하게 된 하이난 출신의 화교가 건설한 회관. 호이안의 여느 회관들처럼 종교, 지역 사회 활동의 목적을 띤다. 바닷길을 건너다 목숨을 잃은 108명의 상인을 추모하기 위한 제단이 마련돼 있다. 베트남 응우옌 왕조의 제4대 황제인 뜨득 황제 시절, 베트남 군이 중국 상인을 해적으로 오인해 배를 침몰시키는 바람에 수많은 사람이 죽음에 내몰렸던 사건. 그들의 넋을 기린다.

위치 호이안 시장에서 도보 2분 **주소** 10 Trần Phú, Hội An **오픈** 07:30~17:30 **지도** MAP BOOK 15ⓖ

차오저우 회관
Hội Quán Triều Châu

차오저우 출신 상인들의 지역 공동체 활동 및 신앙의 중심지로 활용되던 공간. 1845년에 지었다. 나무 조각과 전통 장식, 아름다운 테라코타 부조가 있는 정교한 건축물이다. 부드러운 곡선을 이루는 지붕이 특히 화려한데 당시 장인들의 숙련된 기술과 재능이 엿보인다. 오래전에는 차오저우와 광둥이 각각의 지역으로 구분돼 차오저우 회관과 광둥 회관이 따로 있지만, 지금은 차오저우시가 광둥성에 속해 있다.

위치 호이안 시장에서 도보 3분 **주소** 362 Nguyễn Duy Hiệu, Hội An **오픈** 07:30~17:30 **요금** 통합 입장권 **지도** MAP BOOK 15ⓗ

Best

광둥 회관
Hội Quán Quảng Đông

내원교 근처라 5개의 회관 중 여행자의 방문이 가장 많은 곳. 화려한 색으로 눈길을 끄는 광둥 회관은 1885년에 세워졌다. 중국 광둥성에서 건너온 상인들의 작품. 중국에서 건물을 따로따로 올린 뒤 호이안으로 옮기는 독특한 작업 방식을 택했다. 안마당에 들어가면 웅장한 용 모양의 분수가 보인다. 모자이크 방식, 도자기로 만든 것. 벽화 속에는 광둥의 문화를 그린 장면과 복숭아나무 아래에서 유비, 관우, 장비가 의리를 맺는 등의 삼국지 일화가 담겨 있다.

위치 내원교에서 도보 1분 **주소** 176 Trần Phú, Hội An **오픈** 07:30~17:30 **요금** 통합 입장권 **지도** MAP BOOK 14ⓔ

민속 문화 박물관

Bảo Tàng Văn Hóa Dân Gian

2005년 3월에 문을 연 민속 문화 박물관. 구시가지의 전형적인 목조 가옥에 자리한다. 이 일대의 오래된 집들 가운데 규모가 가장 큰 집이다. 길이가 57미터, 폭이 9미터의 복층 건물. 수세기 전 베트남 사람들의 삶을 엿볼 수 있다. 박물관에는 의식주와 관련한 약 500여 점의 자료를 전시한다. 호이안 사람들의 생활상, 직업, 관습 등 다양한 측면을 조명한다.

한때 중국과 일본, 인도, 멀리 유럽까지 세계 여러 나라의 상인이 무역을 위해 드나들었던 호이안의 항구. 저울 등 거래에 사용되었던 물건들이 남아 있다. 쌀을 재배하는 데 쓰던 농기구와 어부의 고기잡이에 동원되었던 도구도 모았다. 당시 호이안에는 다양한 국적을 가진 사람들이 살고 있었다. 그들의 개성을 충족시키려는 노력이 원동력으로 작용, 꾸준히 성장했던 의류업의 면면을 들여다본다. 풍어와 풍년을 기원하며 즐겼던 민속놀이 풍경도 흥미롭다.

위치 호이안 시장에서 도보 1분 주소 33 Nguyễn Thái Học, Hội An 오픈 07:00~21:30 요금 통합 입장권 전화 0235-3910-948 지도 MAP BOOK 14ⓙ

싸후인 문화 박물관

Bảo Tàng Văn Hóa Sa Huỳnh

기원전 1000년부터 기원후 200년 사이, 베트남 중부 지방에서 번성했던 싸후인 문화. 참파 왕국보다 훨씬 앞선 베트남의 고대 문명이다. 호이안 남쪽에서 싸후인 유적이 대거 발굴됐다. 가장 인상적인 유물은 항아리 컬렉션. 다채로운 농기구와 균형 잡힌 모양의 토기, 귀걸이 같은 장신구 등 다수의 유물이 출토되었다. 고유한 장례 문화를 가진 그들은 뚜껑이 달린 항아리를 매장에 이용했다. 싸후인 문화 박물관에는 약 200여 점의 유물을 전시하고 있다.

위치 내원교에서 도보 1분 주소 149 Trần Phú, Hội An 오픈 08:00~17:00 요금 통합 입장권 전화 0235-3861-535 지도 MAP BOOK 14Ⓔ

쓰당쯩

Xứ Đàng Trong

수공예품을 제조하고 판매하는 쓰당쯩. 대나무, 도자기, 나무, 실크처럼 베트남에서 흔히 사용하는 재료들로 만든 물건을 내놓는다. 현대적이고 세련된 디자인이 돋보인다. 고급스럽고 우아한 실크 스카프, 화려한 색감의 도자기, 디테일 좋은 자수, 독특한 그림을 그려 넣은 베트남 모자 등. 장인이 직접 물건을 만드는 모습도 볼 수 있다. 방문객을 위한 마스크 페인팅, 등불 만들기 등 간단한 클래스도 진행한다. 매일!

위치 호이안 시장에서 도보 1분 주소 9 Nguyễn Thái Học, Hội An 오픈 08:00~17:00 요금 통합 입장권 지도 MAP BOOK 15Ⓖ

도자기 무역 박물관
Bảo Tàng Gốm Sứ Mậu Dịch

16세기, 호이안은 아시아에서 유럽으로 가는 길목이었다. 동양과 서양을 잇는 국제 무역의 중심지. 포르투갈, 스페인, 네덜란드, 일본, 중국의 상인들이 무역을 위해 이곳을 찾았다. 약 400여 점의 도자기를 보유한 도자기 무역 박물관은 호이안이 상업 항구로서 번영을 누렸던 증거. 수 세기 전으로 거슬러 올라가는 유물들은 중국, 일본, 태국, 인도, 중동 등에서 구워진 것이다. 일부는 난파선에서 발견됐다. 박물관이 자리한 목조 건축물은 1920년대에 세웠다.

위치 호이안 시장에서 도보 3분 주소 80 Trần Phú, Hội An 오픈 08:00~17:00 요금 통합 입장권 지도 MAP BOOK 14Ⓕ

호이안 박물관
Bảo Tàng Hội An

전시는 고대 문화인 싸후인 문화에서부터 시작한다. 2세기부터 17세기까지 베트남 중부에서 세력을 키웠던 참파 왕국, 베트남 최후의 왕조인 응우옌 왕조 관련 자료도 얕게 다룬다. 국제 무역항으로 성장했던 호이안의 발전사를 그렸다. 베트남 전쟁과 독립을 위한 투쟁 등 근현대사도 빠지지 않는다. 덩치는 크지만 낙후된 시설. 전시 내용이 부실하고, 관리 상태도 아쉽다. 언짢은 맘을 달래주는 건 옥상의 전망. 4층임에도 주변 건물이 낮아 전망대 역할을 한다.

위치 호이안 시장에서 도보 6분 주소 10B Trần Hưng Đạo, Hội An 오픈 07:30~17:00 요금 통합 입장권 전화 0235-3862-367 지도 MAP BOOK 14Ⓑ

📷 SIGHTSEEING

호이안 야시장
Chợ Đêm Hội An

텅 비었던 거리, 오후 5시쯤 되면 하나둘씩 노점상이 들어서며 야시장을 형성한다. 여행자들은 '호이안 야시장'이라고 간단히 칭하지만, 길 이름을 따서 '응우옌 후앙 야시장 Nguyễn Hoàng Night Market'으로 불리기도. 아마도 구시가지에서 가장 분주하고 혼잡한 곳, 여기 아닐까 싶다. 각종 기념품과 특산품, 호이안의 길거리 음식이 다 모였다. 저렴하고 자질구레한 물건을 파는데 대다수가 공산품. 호이안 야시장이 아니어도 어딜 가나 볼 수 있는 흔한 것이 대부분이다. 시장이라 가격은 부르는 게 값. 적당한 선의 흥정이 필요하다.

야시장 초입은 호이안을 대표하는 풍경. 등불을 빼곡히 매달아둔 랜턴 숍의 차지다. 알록달록 등불이 켜지면 더욱 화려하게 빛이 난다. 코너에 놓인 바 겸 레스토랑 2층은 맥주 한잔 들이켜며 오가는 사람을 구경하기 좋은 자리. 규모는 그리 크지 않다. 응우옌 후앙 거리를 따라 딱 300미터 구간이다. 주변 골목길에 부담 없는 가격대의 마사지 숍이 즐비하다.

위치 내원교에서 도보 2분 **주소** 3 Nguyễn Hoàng, Hội An **오픈** 18:00~23:00 **지도** MAP BOOK 14①

ZOOM IN
—
호이안 야시장 스트리트 푸드 12

1
태국식 팬케이크 바나나 로띠.

2
새콤달콤 골라 먹는 과일주스.

3
쫄깃쫄깃 씹는 맛이 일품, 문어구이.

4
라이스 페이퍼 위에 토핑을 듬뿍 얹은 반 짱느엉.

5
겉은 바삭바삭. 속은 야들야들한 베트남 식 쌀 바게트.

6
먹기 좋게 한 입 크기로 다듬어 놓은 열대 과일.

7
깜짝이야! 개구리도 먹다니!

8
머리를 툭 쳐내고 코코넛 워터를 쪽쪽, 뽀 얀 과육은 덤이다.

9
맥주, 소주, 베트남 보드카 넴까지! 주류 선택은 취향껏.

10
통통하고 싱싱한 새우구이.

11
길거리 음식의 고전, 회오리 감자.

12
쫀득하고 구수한 옥수수구이.

🅾 SIGHTSEEING

안방 비치
Bãi biển An Bàng

해변을 따라 레스토랑과 바가 줄지어 있어 놀고먹기 딱 좋은 바다. 2011년 미국 CNN Go가 세계에서 가장 아름다운 50곳의 해변을 꼽았는데 안방 비치도 이 목록에 포함됐다. 야자수가 드리운 그늘 아래 드러누워 휴식을 취하거나 일광욕을 즐기자. 아직은 선베드 인심이 좋아서 음료나 식사를 주문하면 얼마든지 자유롭게 이용할 수 있다. 온종일 해변에서 뒹굴어도 지루할 틈 없는 안방 비치. 바다가 보이는 의자에 앉아 맥주를 들이켜면 지상낙원이 따로 없다. 웬만해서는 파도가 잔잔해 해수욕하기에도 알맞다. 4킬로미터에 이르는 고운 모래 위에서 뒹굴뒹굴, 나른한 오후를 보내볼까?

호이안 시내에서 차로 15분 정도 소요된다. 택시나 그랩을 잡아 이동하는 것도 방법이지만, 어느 정도 규모가 있는 호텔은 구시가지 인근에서 안방 비치로 가는 셔틀을 운행한다. 적게는 1일 2회, 많게는 4회쯤. 안방 비치에 갈 거라면 호텔 체크인 시 안방 비치행 셔틀 여부를 확인해두자.

위치 Nguyễn Phan Vinh 일대, Hội An **지도** MAP BOOK 16⑧

끄어다이 비치
Bãi biển Cửa Đại

끄어다이 비치 앞에는 대규모의 고급 리조트 단지가 들어서 있다. 나날이 번화해지는 안방 비치에 비하면 아주 조용한 해변. 꾸준히 내리막길을 걷고 있다. 이유는 지속적인 모래 유실이 일어나고 있기 때문. 안타까운 일이지만 여행자의 발길이 점점 뜸해지는 추세다. 안방 비치에 비하면 레스토랑과 바, 편의시설이 미미한 수준이다. 더 큰 유실을 막기 위해 모래주머니로 제방을 쌓았지만 효과가 있을지는 미지수.

위치 Âu Cơ 일대, Hội An 지도 MAP BOOK 17Ⓑ

╲ 해변 100배 즐기기! 해양 액티비티 ╱

선베드에만 누워 있는 게 지루하게 느껴진다면 바다로 향하자.
다낭과 호이안의 해변에서 즐길 수 있는 다채로운 액티비티가 있다.

❶ 패러세일링
모터보트에 연결해 낙하산을 띄우는 패러세일링. 100~200미터 높이로 올라간다. 바다 위를 나는 기분!

❷ 제트스키
역동적이고 스릴이 넘치는 제트스키. 빠른 속도로 바다를 누비며 잠시나마 더위를 잊어보자.

❸ 바나나보트
고전적인 해양스포츠 바나나보트. 바나나 모양의 보트에 몸을 맡긴다. 안전을 위해 구명조끼 필수 착용.

▶ 해양 스포츠 가격
패러세일링 | 1인 50만~60만 동, 2인 80만 동
제트스키 | 700cc 15분 50만 동, 20분 70만 동, 30분 90만 동(최대 2인)
바나나보트 | 10분 100만 동(최대 5인)

※ 금액은 흥정이 가능하다. 협상의 기술을 한껏 발휘해 가격을 낮추도록!

SPECIAL

—

이건 타야 해! 호이안 바구니 배

호이안을 찾는 거의 모든 여행자가 한 번씩 꼭 들르는 명소, 코코넛 숲이다. 넓은 강에 바구니 배를 띄운 뒤 물 위를 떠다니다 정글 같은 숲속으로 들어간다. 바구니 배는 이름처럼 바구니를 쏙 빼닮았다. 부실해서 금방 가라앉을 것처럼 생겼지만 의외로 튼튼해서 성인 4명이 타도 거뜬하게 버틴다. 이 배는 원래 커다란 배까지 오가는 데 썼던 운송 수단이다. 지금은 관광 상품으로 개발돼 여행자에게 큰 호응을 얻고 있다.

대충 노를 저으면 움직일 것 같지만 마음처럼 쉽지가 않다. 노련한 사공이 전수하는 노 젓기 방법을 익혀보자. 게 낚시도 재미있다. 길쭉한 나뭇잎을 가늘게 잘라 한쪽 끝을 매듭짓는데 작은 구멍을 남겨둔다. 질척한 흙 위를 걷는 게를 발견하면 집게발에 조심스럽게 갖다 대고 재빠르게 낚는다. 제아무리 기운 센 게여도 집게발이 묶이고 나면 옴짝달싹 못 하게 된다. 바구니 배를 이용해 공연을 펼치기도 한다. 손님을 한 명 골라 배에 태워놓고 빠르게 노를 저어 빙글빙글 돌린다.

호이안 바구니 배 예약 정보

1 코코넛 보트 DL 투어
카카오톡 | coconutboattour

2 행 코코넛
카카오톡 | hangcoconut

3 그린 코코넛
카카오톡 | coconutgreen

SPECIAL

—

호이안 등불 만들기 클래스
Hoi An Lantern Making Class

호이안 주민이 들려준 등불 이야기

무역항으로 번성했던 시절, 중국에서 흘러들어온 등불. 중국식 등불은 각진 모양이었고 뼈대가 두툼했다. 그런데 옛날부터 호이안에는 대나무가 넘쳤다. 대나무는 한껏 구부려도 좀처럼 부러지지 않고 잘 휘어지는 성질을 가지고 있는데, 이를 이용해 둥근 곡선을 살린 호이안식 등불을 만들었다. 호이안 사람들은 집 앞에 걸어둔 등불이 부와 행운을 가져다준다고 믿는다.

세상에 하나밖에 없는 나만의 핸드메이드 기념품

호이안 등불 만들기 클래스에 참여하면 내 손으로 만든 나만의 특별한 기념품을 손에 넣을 수 있다. 풀 클래스 기준 소요 시간은 3시간. 틀을 잡는 것부터 천을 골라 붙이는 과정까지 모두 직접 한다. 시간이 넉넉하지 않은 여행자에게는 천을 선택해 붙이는 것부터 진행하는 익스프레스 클래스 추천. 누구나 쉽게 따라 할 수 있도록 차근차근 알려준다. 소문난 '똥손'이어도 여기서만큼은 누구나 '금손'.

호이안 핸디크래프트 투어
Hoi An Handicraft Tours

주 소 | 08 Trần Cao Vân, Hội An
오 픈 | 07:00~20:00
요 금 | 11~17달러(USD)
전 화 | 01699-216-230
홈 피 | hoianhandicraft.com
메 일 | hoianhandicrafttours@gmail.com

룬 퍼포밍 센터 호이안
Lune Performing Center Hoi An

호이안 강변에 위치한 룬 퍼포밍 센터 호이안. 직경 24미터, 높이 13미터의 거대한 돔을 씌운 극장이다. 음력을 사용하는 동양 문화에서 영감을 받은 건축물. 달을 본떠 만들었다. 룬 프로덕션에서 선보이는 다채로운 공연을 무대에 올린다. 대표적인 공연은 테달 Teh Dar과 에이오쇼 AO Show. 대나무, 바구니 등을 이용한 서커스의 일종이다. 현대 무용과 곡예, 민속 악기가 절묘하게 어우러진 흥미로운 작품. 말 대신 표정과 섬세한 몸짓으로 관객과 소통한다. 유머러스한 구석이 있어 아이부터 어르신까지 누구나 재미있게 볼 수 있는 공연. 매력 넘치는 배우들의 숙련된 무대를 만나보자.

공연 스케줄은 홈페이지 룬 프로덕션 홈페이지를 통해 미리 확인할 수 있다. 공연이 없는 날도 있으니 주의할 것. 좌석은 A, O, W 구역으로 나누어지며 좌석별로 티켓 가격이 다르다. 티켓은 온라인을 통해 예약하거나 공연장의 티켓 박스에서 구매하면 된다. 티켓 박스가 문 여는 시간은 오전 9시 30분부터 오후 6시까지.

위치 호이안 야시장에서 도보 3분 주소 Công viên Đồng Hiệp, Hội An 전화 0845-181-188 홈피 www.luneproduction.com 메일 reservation@luneproduction.com 지도 MAP BOOK 14③

탄하 테라코타 파크
Công Viên Đất Nung Thanh Hà

호이안 구시가지에서 약 3킬로미터쯤 떨어진 탄하 도자기 마을. 500여 년간 존재해온 마을로 도자기, 벽돌, 타일 등이 유명하다. 호이안 옛 가옥의 지붕에서 흔히 볼 수 있는 빨간 벽돌이 이곳 출신이다. 섬이 아님에도 강으로 둘러싸인 독특한 지형인데, 뱃길로 무거운 벽돌을 운반하기에 적합했다. 한창일 때는 도자기 마을의 규모가 상당했으나 지금은 쇠퇴하여 약 10여 가구만 가늘게 명맥을 이어가고 있다.

마을 중심에는 탄하 테라코타 파크가 있다. 싸후인 문화와 참파족의 건축 양식과 마을의 가마에서 영감을 얻은 건축물. 2천 평 규모다. 마을에서 나고 자란 반 응우옌이 건축 공부를 마치고 돌아와 사재를 털어 지었다. 정원에는 이름난 건축물의 미니어처 작품이 있다. 인도의 타지마할, 이집트의 피라미드, 스페인의 사그라다 파밀리아, 로마의 콜로세움, 파리의 개선문 등. 내부는 도자기 작품 전시 공간으로 쓰이고, 뒷마당에서는 도자기 만들기 체험을 할 수 있다.

위치 호이안 박물관에서 차로 10분 주소 Duy Tân, Thanh Hà, Hội An 오픈 08:00~17:30 요금 3만 동 전화 0235-3963-888 홈피 www.thanhhaterracotta.com 지도 MAP BOOK 10①

SPECIAL

—

멈춰버린 참파 왕국의 시간, 미썬

Mỹ Sơn

미썬은 중부 베트남을 중심으로 세력을 넓혔던 참파 왕국의 종교 중심지이며 수도였다. 해상 왕국으로 번성했던 참파, 동즈엉 Đông Dương, 짜끼에우 Trà Kiệu 등에 참파 유적지가 남아 있다. 미썬 유적은 4세기 참파 왕국의 바드라바르만 왕이 힌두교의 신 시바를 모시는 목조 사당을 지으면서 시작되었다. 이후 왕들이 미썬을 선호하게 되면서 사원들이 연달아 지어졌다. 4세기부터 13세기까지 오랜 시간에 걸쳐 조성됐다. 험한 산악 지형, 정글과 좁은 계곡에 둘러싸여 군사적으로도 전략적 요충지였다.

힌두교 영향을 받은 참파는 이곳에 시바, 비슈누, 크리슈나 같은 힌두교 신들에게 바치는 사원을 세웠다. 힌두교에서 우주의 중심으로 여기는 메루산을 상징하는 건축물을 지었고, 힌두교 신화를 묘사한 장면을 곳곳에 조각했다. 붉은색 벽돌을 정교하게 끼워 맞춘 독특한 석상들은 참파 예술의 정수를 보여준다. 별다른 접착물 없이 높게 쌓아 올리는 건축 기법을 사용했다. '리틀 앙코르와트'라는 별명으로도 불리는데 규모 면에서는 비할 게 못 되지만 역사적인 가치만큼은 결코 뒤지지 않는다.

약 9세기 동안 참파 왕국의 영광과 쇠퇴를 목격해 온 미썬. 미썬 유적에서는 71개의 사원이 발굴되었으나 전쟁으로 대다수가 무참히 파괴되었다. 1190년부터 1220년까지 참파 왕국은 크메르에 점령당했고, 지속된 전쟁으로 인해 심각한 피해를 입었다. 참파 왕국은 13세기부터 서서히 힘을 잃어갔다. 멸망한 뒤 한동안 숲속에 묻혀 잊히는 듯했다가 19세기 프랑스의 탐험가에 의해 다시 발견됐다.

프랑스 식민지, 베트남 전쟁을 치르며 또다시 훼손되고 말았는데, 베트남 전쟁 때는 베트콩이 이 지역을 근거지로 삼아 미군의 무차별 폭격이 가해지기도 했다. 현재 남아 있는 유적은 극히 일부로 폐허에 가깝다. 온전한 모양을 갖춘 건축물이 거의 없지만 사원 벽면에 장식된 조각들과 석상 등을 통해 참파 왕국의 문화 수준을 엿볼 수 있다. 발굴된 유적 중 보존 가치가 있는 것들은 상당 부분 다낭의 참 조각 박물관에 옮겨졌다.

미썬 유적을 살피면 참파 왕국이 동남아시아에서 정치적, 문화적으로 중요한 위치를 차지했었다는 사실을 알 수 있다. 역사적, 학술적인 가치를 인정받아 1999년 유네스코 세계문화유산으로 등재되었다. 현재 프랑스, 네덜란드, 이탈리아 전문가들이 참여해 복구 작업을 하고 있지만 갈 길이 멀다. 미썬 유적은 알파벳으로 그룹을 나눠 구분하는데 그나마 보존 상태가 나아 볼거리가 있는 그룹은 B, C, D 정도다.

위 치 | 호이안에서 차로 1시간 10분
주 소 | Xã Duy Phú, Huyện Duy Xuyên, Tỉnh Quảng Nam
오 픈 | 06:30~17:00
요 금 | 15만 동
전 화 | 0235-3731-309
홈 피 | www.mysonsanctuary.com.vn

1 그룹 A

참파 문명이 절정을 이루었던 시기에 건설된 사원들이 여기 있었다. 1969년 미군의 폭격으로 건물이 무너져 내리며 사원을 받치고 있던 기둥만 덩그러니 남았다. 주변으로 풀들이 무성하게 자라 지금은 폐허가 되었다. 무너져 내린 벽돌 더미 그 자체다.

2 그룹 B, C, D

미썬 유적 가운데 볼거리가 가장 많은 곳. 다른 그룹에 비해
보존 상태가 좋은 건축물이 많다. 그룹 B에는 미썬 유적에서
나온 조각들을 한데 모아 전시한 실내 공간이 있다. 힌두교
의 3대 신으로 꼽히는 비슈누와 시바 조각상, 비슈누가 타고
다니는 독수리 가루다, 춤을 추는 무희 압사라의 모습. 남녀
의 성기를 뜻하는 링가와 요니 조각도 여럿 발견됐다.

3 그룹 E, F, G

안타깝게도 이쪽은 상태가 더욱 심각
하다. 지지대의 힘으로 간신히 버티고
있지만 당장이라도 와르르 무너질 것
처럼 위태로운 모습이다. 그룹 E에는
산스크리트어가 적힌 비문이, 그룹 F에
는 미군이 날린 폭탄의 처참한 흔적이
있다.

미썬 여행하는 법

1 택시 또는 그랩을 대절하는 개별 여행

호이안 구시가지에서 약 40킬로미터 떨어진 데 있다. 차로 이동하면 약 1시간 10분 소요. 택시 또는 그랩 기사들과 왕복 요금을 협의해 차량을 대절한다. 미썬 유적의 매표소가 있는 주차장까지 데려다 주고 관람을 마칠 때까지 기다린다.

알아두세요

1 매표소에서 미썬 유적지까지의 거리는 2킬로미터로 걷기엔 멀다. 전기 자동차를 타고 이동하자. 무료다.
2 그늘이 거의 없다. 모자와 선크림은 필수. 양산 등을 가져가면 유용하다. 시원한 물 한 병도 가방에 쏙!
3 더위가 한창일 때는 한낮에 돌아보는 게 버거울 수 있다. 6~8월 방문 예정이라면 이른 시간에 다녀오는 게 좋다.

2 여행사를 통한 일일투어 프로그램

여행사를 통한 그룹 조인 투어를 이용해 미썬에 다녀올 수 있다. 영어 가이드가 함께하며 유적지에 대한 설명을 해준다. 일일투어 프로그램에는 미썬 유적지의 왕복 교통편, 간단한 점심이 포함된다. 유적지 입장료는 별도로 구매해야 하는 경우가 대부분. 미썬을 둘러보고 낌봉 목공예 마을까지 들르는 코스가 많다. 9시간 정도 소요되고 요금은 약 2만5천~3만 원 정도. 한국어 가능한 가이드가 붙는 2인, 3~4인, 5인 이상의 프라이빗 투어도 있지만 가격대가 만만치 않다.

참 민속 예술 공연장
Cham Folk Art Performance Hall

참 민속 예술 공연장에서 1일 3회 공연이 이루어진다. 전통 악기 연주와 압사라 분장을 한 여인들의 춤을 볼 수 있다. 무료로 진행되는 공연이니 미썬에 오며 가며 시간이 맞으면 들어가보자. 화요일부터 일요일까지. 공연 시간은 오전 9시 30분과 10시 30분, 오후 2시 30분.

✗ RESTAURANT

모닝 글로리
Morning Glory

2006년에 문을 연 모닝 글로리는 대부분의 여행 가이드북에서 언급하는 인기 식당으로 자리매김했다. 어떤 메뉴를 선택하든 기본 이상은 하는 대중적인 음식점. 손님의 거의 대부분이 외국인 여행자다. 갖가지 베트남 요리를 세련된 스타일로 재창조했다. 고풍스러운 구시가지 건물에 자리 잡고 있으며 가게 앞을 등불로 화려하게 장식했다. 메뉴판이 꽤 두툼하다. 향이 강한 민트, 파파야, 그린 망고, 포멜로 등 베트남 색이 가미된 샐러드로 가볍게 입맛부터 돋우자. 호이안 스트리트 푸드 메뉴도 눈여겨볼 것. 우동처럼 두꺼운 면으로 요리하는 호이안 전통 음식 까오러우와 다낭의 명물 미꽝, 어디서 먹든 실패 확률이 적은 분짜 등이 괜찮다. 집에서 즐겨 먹는 베트남 가정식을 요리하며, 특별한 날에 먹는 화려한 음식도 소개한다.

주인은 레스토랑을 여러 개 운영한다. 구시가지에 모닝 글로리 매장이 둘이고, 맞은편의 카고 클럽도 같은 오너의 작품. 소규모로 진행하는 쿠킹 클래스, 길거리 음식 투어 프로그램도 있다. 모닝 글로리 맛의 비법이 궁금하다면 참여해보도록!

위치 내원교에서 도보 2분 **주소** 106 Nguyễn Thái Học, Hội An **오픈** 11:30~21:30 **가격** 메인 요리 7만~20만 동 **전화** 0235-3926-927
홈피 tastevietnam.asia/morning-glory-original-restaurant-hoi-an **지도** MAP BOOK 14ⓕ

포 쓰아
Phở Xưa

부드러운 소고기를 얹은 뜨끈한 쌀국수, 쌀가루 반죽을 부친 뒤 고기와 채소를 고명으로 얹는 반쎄오, 숯불 고기를 넣은 국물에 찍어 먹는 국수 요리 분짜, 신선한 스프링롤 구이고온. 여행자들이 0순위로 즐겨 찾는 메뉴 네 가지가 여기 다 모였다. 까오러우, 껌가 등 호이안의 간판 메뉴도 당연히 있다. 단품 하나당 가격이 한화로 2천 원 정도. 저렴하면서 맛이 좋아 끼니때는 줄을 서기도 한다. 특히 한국인 여행자 사이에서 초인기.

위치 호이안 시장에서 도보 3분 주소 35 Phan Chu Trinh, Hội An 오픈 11:00~22:00 가격 3만~10만 동 전화 0982-336-966 홈피 www.phoxuarestaurant.net 지도 MAP BOOK 14⑤

반미 프엉
Bánh Mì Phượng

호이안에서 맛있기로 소문난 반미 전문점 중 하나다. 반미는 베트남식 바게트 샌드위치. 소박한 가게지만 늘 인산인해를 이룬다. 입구가 좁고 사람이 워낙 많아 일부 시간대에는 주문을 위해 전쟁을 치러야 한다. 선호도에 따라 재료를 골라 먹을 수 있다. 잡다한 걸 몽땅 넣은 3번 메뉴 반미텁껌 Bánh Mì Thập Cẩm 추천. 반미는 일단 빵이 맛있어야 한다. 옆 가게에서 빵을 공급하는데 겉은 바삭바삭, 속은 야들야들! 엄지를 치켜세울 만하다.

위치 호이안 시장에서 도보 3분 주소 2B Phan Châu Trinh, Hội An 오픈 06:30~21:30 가격 반미 2만~2만5천 동 전화 0905-743-773 지도 MAP BOOK 15⑥

퍼 리엔
Phở Liễn

70여 년의 세월을 보낸 로컬 식당. 소박하고 수수한 국수 가게다. 여행자보다 현지인이 주로 드나드는 쌀국수집이다. 베트남에서 흔히 만나는 부들부들한 식감의 쌀국수와는 다른 맛을 내는데 생면 대신 건면을 쓰기 때문. 쌀국수 면을 햇볕에 말려 쫄깃쫄깃한 식감이다. 얇게 썬 부드러운 소고기 고명을 얹는다. 취향에 따라 갖은 채소, 달걀 하나를 톡 깨서 넣어 먹는 것도 별미. 위생 면에서는 크게 기대하지 않는 게 마음 편하다.

위치 호이안 박물관에서 도보 3분 주소 25 Lê Lợi, Hội An 오픈 06:00~22:00 가격 4만~5만 동 전화 0906-543-011 지도 MAP BOOK 14⑰

오리비
Orivy

KBS 〈배틀 트립〉에 소개된 식당. 구시가지에서 살짝 벗어났을 뿐인데 마치 근교에 나온 것 같다. 호이안 대표 메뉴 사총사인 호안탄, 반바오반박, 까오러우, 껌가 등 로컬 푸드가 메인이다. 호이안의 농촌 마을인 짜꿰 Trà Quế 가든에서 가져온 채소, 현지 시장과 어부에게서 받아온 생선으로 요리한다. 땅콩과 깨를 솔솔 뿌린 현미밥도 꿀맛. 1만 원 정도에 선보이는 세트 메뉴를 고르면 음료, 전식부터 후식까지 몽땅 해결된다. 후식은 녹두로 채운 떡, 반잇라가이 추천.

위치 호이안 시장에서 도보 10분 주소 578/1 Cửa Đại, Hội An 오픈 11:00~21:30 가격 5만~17만 동 전화 0909-647-070 홈피 www.orivy.com 지도 MAP BOOK 13⑬

홈 호이안
Home Hoi An

한여름에 더 빛을 발하는 홈 호이안. 에어컨 시설을 완벽하게 갖춘 레스토랑이다. 현대적인 인테리어. 어두운 빛깔의 세련된 목조 장식에 호이안 등불로 포인트를 주어 우아함을 살렸다. 베트남 음식을 스타일리시하게 낸다. 메인 요리는 타이거 새우, 게, 오징어 등의 해산물과 소고기, 돼지고기, 닭고기, 오리고기 등 다채로운 육류를 주재료로 한다. 메인 음식을 주문하면 쌀밥 한 공기가 딸려 나온다. 해산물 볶음면 미싸오, 다낭의 대표 국수 미꽝, 호이안의 시그니처 면 요리 까오러우 등의 일상식도 가능하지만, 모처럼 분위기 좋은 레스토랑을 찾았으니 이왕이면 요리류 추천.

오후 1시부터 영업한다. 점심시간은 한산하나 저녁에는 식사와 함께 와인을 즐기려는 여행자들로 붐빈다. 조용한 음악과 세심한 서비스의 직원도 플러스 요소. 하노이와 호치민에도 홈 호이안 지점이 있다. 기분 내고 싶은 커플 여행자에게 권하는 레스토랑.

위치 내원교에서 도보 2분 주소 112 Nguyễn Thái Học, Hội An 오픈 13:00~23:00 가격 면 요리 10만~16만 동, 메인 요리 25만~35만 동 전화 0235-3926-668 홈피 hoian.homevietnameserestaurant.com 지도 MAP BOOK 14ⓕ

더 케밥 쉑
The Kebab Shack

돼지고기, 닭고기, 달걀과 치즈를 넣은 케밥에 주력한다. 외국인이 주로 드나드는 가게여서 토스트와 버거, 샌드위치, 스파게티 등 양식도 판다. 케밥만 주문해도 되고 감자튀김을 곁들여도 좋다. 입을 쩍 벌린 채 나오는 케밥 속에는 고기와 채소가 듬뿍 넘치도록 담겨 있다. 양이 많아서 하나를 먹고 나면 배가 빵빵해진다. 대다수의 요리가 쌀 베이스인 베트남 음식이 물릴 때 고려해볼 만한 옵션.

위치 호이안 박물관에서 도보 5분 주소 38 Thái Phiên, Hội An 오픈 10:00~21:00 가격 케밥 4만~8만 동 전화 0976-847-618 지도 MAP BOOK 12ⓕ

Best

시 쉘
Sea Shell

맛으로 평판이 좋은 느 이터리 Nữ Eatery에서 낸 또 하나의 식당. 세련되고 고급스러운 실내 인테리어가 인상적이다. 가볍게 즐길 수 있는 스낵류와 샐러드, 수프, 다섯 가지의 메인 음식을 요리한다. 양념한 돼지고기를 끼운 번 반바오 깹 Bánh Bao Kẹp은 테이블마다 하나씩 놓여있다. 메인은 갓 튀겨 바삭바삭한 프라이드치킨에 타르타르 소스를 곁들인 새로운 형태의 반미, 엄지 척! 프랑스, 이탈리아, 호주, 남아공 등 다양한 산지에서 공수한 와인 리스트가 있다.

위치 호이안 박물관에서 도보 2분 주소 119 Trần Cao Vân, Hội An 오픈 12:00~21:00 휴무 일요일 가격 메인 요리 10만 동 전화 0914-298-337 지도 MAP BOOK 14ⓑ

시크릿 가든
Secret Garden

일부러 찾아가지 않으면 좀처럼 눈에 띄지 않는 레스토랑. 골목 깊숙한 데 숨겨져 있다. 진짜 시크릿 가든! 열대의 식물이 무성하게 자란 아름다운 정원은 아늑하고 사랑스럽다. 17세기부터 호이안에 둥지를 틀고 살아온 퐁 타이 Phong Thái 집안의 아들이 오래된 집을 개조해 식당으로 만들었다. 할머니의 레시피로 만든 음식을 선보인다. 베트남의 신선한 식재료와 중국의 요리법이 더해져 특색 있는 요리를 만들어냈다. MSG를 사용하지 않은 깔끔한 맛.

조용하고 차분한 가운데 느긋하게 식사를 즐길 수 있다. 맛뿐 아니라 비주얼도 신경 쓴 티가 나는 음식들. 호이안의 로컬 음식은 저렴하다. 육류와 해산물 중심인 메인 요리는 상대적으로 가격대가 다소 높지만, 음식의 퀄리티와 분위기를 감안하면 수용할 만한 수준이다. 17개국에서 들여온 와인 리스트를 갖췄다. 여섯 가지의 하우스 와인, 다섯 가지의 로제 와인, 네 가지의 스파클링 와인 포함. 정중한 서비스도 시크릿 가든의 장점으로 꼽힌다. 요리 클래스도 운영 중.

위치 내원교에서 도보 3분 **주소** 60 Lê Lợi, Hội An **오픈** 08:00~23:00 **가격** 7만~60만 동 **전화** 0941-439-292 **홈피** www.secretgardenhoian.com **지도** MAP BOOK 14Ⓕ

반미 마담 칸
Bánh Mì Madam Khánh

마담 칸은 80세가 넘은 할머니. 언제나 북적거리는 반미 전문점이다. 가게 안에 좌석이 있어서 먹고 가도 좋고 테이크아웃도 가능. 채소, 돼지고기, 햄, 달걀 등을 가득 채운 샌드위치 반미텁껌이 가장 많이 팔리는 메뉴다. 재료가 많이 들어갔는데도 조화로운 맛. 고기가 싫다면 채소만 넣어 깔끔하게 즐겨도 되고 치킨을 넣은 반미도 있다. 손바닥보다 큰 샌드위치가 단돈 1천 원대. 신선한 과일 주스와 스무디를 곁들이면 완벽한 한 끼!

위치 호이안 박물관에서 도보 3분 **주소** 115 Trần Cao Vân, Hội An **오픈** 07:00~20:00 **가격** 반미 2만~2만5천 동 **전화** 0905-404-816 **홈피** www.madamkhanh.com **지도** MAP BOOK 14⑧

미스 리
Miss Ly

어쩐지 익숙하게 느껴지는 이름 때문일까? 한국인 여행자의 발길이 끊이지 않는 식당이다. 20년 넘게 영업해온 집. 호이안을 대표하는 음식들로 푸짐하게 한상 차려보자. 호이안만의 특별한 면 요리 까오러우, 새우살로 속을 채워 만두처럼 빚은 반바오반박, 바삭하게 튀긴 완탕 위에 잘게 다진 새우와 토마토를 얹어 먹는 호안탄 등. 요리 대부분이 한국 사람들 입맛에 딱 맞는다. 오래된 목조 가구, 천장의 선풍기, 빈티지한 조명, 그림 모두 고풍스럽다.

위치 호이안 시장에서 도보 1분 **주소** 22 Nguyễn Huệ, Hội An **오픈** 11:00~21:00 **가격** 6만~15만 동 **전화** 0235-3861-603 **지도** MAP BOOK 15⑥

그릭 수블라키
Greek Souvlaki

이렇게 성의 있는 수블라키라니! 모든 요리 과정이 주문과 동시에 시작된다. 반죽을 뚝 떼어내 얇게 펴서 그리스식 빵인 피타를 굽고 닭고기나 돼지고기, 갓 튀겨낸 감자튀김, 약간의 채소를 풍성하게 넣어 둘둘 말아준다. 따끈따끈 바로 만든 거라 맛이 없을 수가 없다. 자리에 앉아서 먹을 수 있고 간편하게 테이크아웃도 가능. 매장은 안방 비치에 한 곳, 구시가지와 가까운 데 한 곳 있다. 그리스식 패스트푸드.

위치 호이안 박물관에서 도보 2분 **주소** Số 7 Thái Phiên, Hội An **오픈** 11:00~22:00 **가격** 수블라키 5만~6만 동 **전화** 0984-072-693 **지도** MAP BOOK 14Ⓑ

✗ RESTAURANT

호로꽌
Hồ Lô Quán

가벼운 전식부터 볶음밥, 면 요리, 각종 고기와 해산물 요리, 샤부샤부와 비슷하게 끓여 먹는 음식 라우 Lẩu까지! 없는 게 없다. '베트남 음식이 이렇게 다양했던가?' 싶을 만큼 음식 종류가 다양하다. 주택가에 위치한 집을 고쳐 만든 식당. 로컬 식당치고는 실내가 깨끗하게 관리되고 있다. 여기서는 스프링롤, 쌀국수, 반쎄오를 주문하는 대신 색다른 베트남 음식에 도전해 보시길! 전체적으로 가성비가 좋다.

위치 호이안 박물관에서 도보 9분 **주소** 20 Trần Cao Vân, Hội An **오픈** 11:00~22:00 **가격** 5만~20만 동 **전화** 0901-132-369 **지도** MAP BOOK 12Ⓕ

✗ RESTAURANT

망고 룸스
Mango Rooms

베트남에서 태어났지만 미국 텍사스에서 자란 셰프. 멕시코와 중미, 호주, 뉴질랜드까지 세계 곳곳을 여행하며 요리와 서핑을 즐겼다. 이 모든 경험이 녹아 있는 감각적인 레스토랑 망고 룸스. 가게 한쪽은 구시가지, 다른 한쪽은 강변과 닿아 있다. 내부는 컬러풀하다. 메뉴판을 들추면 독창적인 이름의 음식들이 눈에 띈다. 콜로니얼 토스트라든지, 왓츠 더 퍼라든지, 인도차이나 디바라든지. 메뉴는 크게 스타터와 샐러드, 메인 요리로 나뉜다.

추천 음식은 라 트로피카나 La Tropicana와 라 쿠바나 La Cubana. 라 트로피카나는 닭가슴살 요리로 레몬그라스, 마늘, 양파, 카레 등으로 소스 맛을 냈다. 파인애플과 토마토를 살짝 구워 곁들인 음식. 라 쿠바나는 소고기를 먹기 좋게 한 입 크기로 썰었다. 마늘, 후추, 콩, 쿠민, 망고 등을 넣었고 고기를 익힐 때 럼을 사용했다. 인근 레스토랑에 비해 비싼 가격이라 입이 떡 벌어지고 말았다. 사악한 가격이지만 요리 퀄리티는 인정!

위치 내원교에서 도보 2분 주소 111 Phố Nguyễn Thái Học, Hội An 오픈 08:30~22:30 가격 메인 요리 30만~60만 동 전화 0235-3910-839 홈피 www.mangohoian.com 지도 MAP BOOK 14ⓙ

올라 타코
Hola Taco

멕시코 음식 전문점 올라 타코. 밀가루나 옥수수 가루로 부친 토르티야에 각종 고기와 다양한 채소를 넣어 먹는 멕시코 전통 요리 타코가 이 집의 대표 음식이다. 타코 속 재료는 닭고기, 소고기, 돼지고기, 양고기, 새우, 호박 등 취향에 따라 선택한다. 토르티야에 치즈와 고기, 버섯, 소시지, 감자 등을 넣은 뒤 오븐에 구운 케사디야도 탁월한 맛. 맥주 등 음료와 함께 먹으면 한 끼 식사로도 손색이 없다.

위치 호이안 박물관에서 도보 5분 **주소** 9 Phan Chu Trinh, Hội An **오픈** 11:30~22:00 **휴무** 일요일 **가격** 타코 11만5천~13만5천 동 **전화** 0982-336-966 **지도** MAP BOOK 15ⓖ

더 카고 클럽
The Cargo Club

베트남과 서양 음식을 내놓는 레스토랑 더 카고 클럽. 디저트 카페도 겸하고 있다. 호이안에 처음 들어선 유럽식 빵집. 페이스트리, 타르트, 케이크 등 제과류가 수십여 가지로 풍성하게 준비돼 있다. 당이 떨어졌다 싶을 때 들러서 시원한 커피와 함께 케이크 한 조각 먹으며 쉬어가기 좋은 곳. 2층의 야외 테라스에 올라가면 거리를 오가는 사람들과 강변을 볼 수 있다. 해 질 무렵에는 전망 좋은 자리를 차지하기 위한 경쟁이 치열하다.

위치 내원교에서 도보 3분 **주소** 107D Nguyễn Thái Học, Hội An **오픈** 09:00~23:00 **가격** 메인 요리 15만~22만 동 **전화** 0235-3911-227 **지도** MAP BOOK 14ⓙ

안 지아 코티지
An Gia Cottage

꼬어다이 해변 근처의 괜찮은 식당. 일부러 찾아가도 좋을 만큼 매력적이다. 현지의 신선한 과일과 야채, 허브를 블렌딩해 만든 음료부터 한 잔 꿀꺽꿀꺽! 오렌지 주스에 울금과 바나나를 섞고 소다에 생강, 민트 맛을 보태는 등 창의적인 마실 것들이 눈에 띈다. 레몬주스와 레몬그라스도 기대되는 조합. 베트남산 달랏 와인도 들여놓았다. 음식은 베트남 요리를 전문으로 한다. 글루텐 프리, 채식주의자를 위한 옵션도 있다.

바나나 잎으로 감싸 구운 생선, 버터와 마늘을 곁들여 튀긴 새우, 뱃속에 이것저것 채워 익힌 오징어 등 해산물 요리를 추천한다. 해산물보다 고기가 취향이라면 파인애플을 곁들인 소고기, 생강 맛을 입힌 닭고기도 무난하다. 각종 카레도 맛깔스럽게 끓인다. 오전 11시에 문을 열어 3시 30분까지 점심 영업, 문을 닫았다가 오후 5시 30분에 다시 연다. 드물게 브레이크 타임이 있으니 피해서 방문할 것. 테이블이 많지 않아 만석일 때가 있다. 전화나 메일로 예약해두면 마음이 한결 편안할 듯. 안타깝게도 일요일은 쉰다.

위치 꼬어다이 비치에서 도보 5분 주소 93 Lạc Long Quân, Hội An 오픈 11:00~15:30, 17:30~21:30 휴무 일요일 가격 음료 3만~7만 동, 메인 요리 13만~20만 동 전화 0235-3861-101 홈피 www.anyahoian.com 메일 anyahoian@gmail.com 지도 MAP BOOK 17Ⓐ

안방 비치

라 플라주
La Plage

안방 비치에서 가장 번잡한 구간에 위치한 라 플라주. 해변가의 레스토랑은 분위기가 거기서 거기, 비슷비슷한데도 라 플라주는 위치가 좋은 탓에 유달리 사람이 몰린다. 야자수가 드리운 나무 그늘, 시야가 확 트인 앞쪽 자리는 바다 전망이 시원스럽게 펼쳐져 가장 먼저 차는 자리. 메뉴판에 음식 사진이 있어 편리하다. 서양식, 베트남식 골고루 판다. 조개나 새우, 오징어 등 해산물 요리도 다수.

위치 안방 비치 주소 An Bang Beach, Hội An 오픈 08:00~21:00 가격 4만~15만 동 전화 0773-794-392 홈피 laplagebeachbar.wordpress.com 지도 MAP BOOK 16ⓑ

안방 비치

소울 키친
Soul Kitchen

고운 바다 전경과 백사장, 휴양지 무드 물씬 풍기는 소울 키친. 아마도 안방 비치에서 한국인이 가장 많은 가게일 것. 메인으로는 베트남과 아시아 음식, 양식과 프랑스 요리를 두루 취급한다. 누구나 바다와 가까운 자리를 노리지만 자리 쟁탈전이 치열해 쉽지 않다. 운이 따라야 가능한 일. 인원이 많은 경우에는 여럿이 앉기 좋은 방갈로 좌석을 사전 예약해두는 것도 방법이다. 목요일부터 일요일 저녁 시간에는 뮤지션이 등장해 라이브 공연을 하기도 한다.

위치 안방 비치 주소 An Bang Beach, Hội An 오픈 08:00~23:00 가격 음료 3만~15만 동, 푸드 7만~19만 동 전화 0906-440-320 홈피 www.soulkitchen.sitew.com 지도 MAP BOOK 16ⓑ

파이포 커피
Faifo Coffee

파이포는 호이안이 국제 무역항으로 이름을 알렸던 시절, 서양인들이 호이안을 칭했던 이름이다. 카페 안에서 깊고 짙은 커피 향이 풍긴다. 해발 1,500미터 지대, 베트남 커피 산지에서 재배한 아라비카 원두를 사용한다. 로스팅도 직접 하는 로스터리 카페.

무엇보다 호이안 구시가지의 전망대 노릇을 톡톡히 한다. 명당은 단연 옥상. 오밀조밀 낮은 호이안의 건물이 한눈에 담긴다. 주문은 1층에서 하고 번호표를 받아든 뒤 옥상으로 곧장 가자. 삐거덕거리는 소리를 내는 좁은 계단 끝에 탁 트인 공간이 위치한다. 옥상 끄트머리에 살짝 걸터앉아 셔터를 누르면 자연스럽게 '인생샷'이 완성된다. 구시가지에 여행자가 많아지면 덩달아 바빠지는 곳으로 저녁때는 포토 스폿의 자리 쟁탈전이 치열하다. 베트남식 커피뿐 아니라 아메리카노, 카페라테, 카푸치노 같은 에스프레소 배리에이션 메뉴와 프라푸치노, 스무디, 주스 등이 있어 선택의 폭이 넓다. 다들 음료보다 사진 찍는 데 더 관심 있는 분위기이긴 하지만!

`위치` 내원교에서 도보 3분 `주소` 130 Trần Phú, Hội An `오픈` 08:00~22:00 `가격` 커피 4만~7만 동 `전화` 0235-3921-668 `인스타그램` @faifocoffee `지도` MAP BOOK 14Ⓕ

☕ CAFE

리칭 아웃 티 하우스
Reaching Out Tea House

고요한 오아시스 같은 찻집. 여행에 잠시 쉼표를 찍고 느긋하게 티타임을 즐기자. 2000년 설립된 사회적 기업에서 운영하는 카페로 청각 장애와 언어 장애를 가진 장애인을 직원으로 고용했다. 언뜻 생각하면 불편할 것 같지만, 손님과 직원 사이에 오갈 만한 간단한 말들은 미리 적어 블록에 붙여 두었기 때문에 소통에 어려움은 없다. 소규모 농장에서 정성껏 키운 베트남산 유기농 녹차, 중앙 고원 지대에서 재배한 유기농 우롱차 등이 테이블에 오른다. 차와 잘 어울리는 쿠키를 곁들인다. 갈팡질팡 하나의 차를 고르기 어렵다면 베트남 차 세 가지를 맛볼 수 있는 차 세트 메뉴를 고르면 된다. 녹차, 우롱차, 자스민차, 허브차 중에서 세 가지 선택.

근처에 공방을 겸한 숍 호아 녑 Hòa Nhập이 있다. 조화를 이룬다는 뜻으로 통합을 의미한다. 베트남의 전통적인 요소를 살린 제품을 만드는데 이곳 장인들 역시 장애를 가졌다. 보석류, 패브릭 제품, 식기 등을 주로 만든다. 판매 수익은 물건을 만든 사람에게 공정하게 배분되고 수익금의 일부는 사회에 다시 환원된다.

위치 내원교에서 도보 1분 **주소** 131 Trần Phú, Hội An **오픈** 월~금요일 08:30~21:00, 토~일요일 10:00~20:30 **가격** 커피 4만~7만 동 **전화** 0235-3921-668 **홈피** www.reachingoutvietnam.com **지도** MAP BOOK 14ⓔ

☕ CAFE

코코박스 주스 바 & 카페
Cocobox Juice Bar & Café

새콤달콤 주스 전문점 코코박스. 커피와 차도 있지만 여기서는 주스 또는 스무디가 답이다. 정직한 맛을 내는 주스의 비결은 단 하나. 신선한 과일과 채소를 천천히, 부드럽게 짜내는 것뿐이다. 바나나, 패션후르츠, 망고, 파인애플, 수박, 드래곤후르츠, 구아바 같은 열대과일에 코코넛 밀크, 꿀, 피넛 버터, 요거트, 초콜릿 등을 더해 독창적인 블렌딩의 스무디를 만든다. 스무디에는 굿모닝 호이안, 릴렉스 투본 등 흥미로운 이름을 붙여 놓았다. 간단한 끼닛거리로 샌드위치와 샐러드를 내며 올 데이 브런치가 있어서 아침 식사하러 들르기에도 좋다. 디저트는 애플파이, 크루아상, 당근 케이크 등.

구시가지 내 지점이 여럿이다. 넓고 여유로운 분위기는 박당 거리의 지점이 한 수 위. 1층보다 2층이 여러모로 낫다. 창가에 앉으면 투본강이 내려다보이고 천장에는 호이안 등불이 빼곡하게 달려 있다. 가게 안 선반은 소규모지만 열정적인 생산자가 만든 제품으로 채웠다. 달콤한 꿀과 베트남산 커피, 코코넛 오일 등 베트남 색이 묻어나는 것들 위주로 전시한다.

위치 호이안 시장에서 도보 1분 주소 42 Bạch Đằng, Hội An 오픈 07:00~22:00 가격 음료 3만5천~12만 동, 샌드위치 10만 동 전화 0235-3910-000 홈피 www.cocobox.vn 지도 MAP BOOK 15ⓚ

☕ CAFE

일레븐 커피
11 Coffee

일찌감치 문을 열어 이른 아침 산책길에 들르기 좋은 카페다. 입구의 테이블이 강변을 향하고 있는데, 구시가지와 투본강이 한눈에 담기는 멋진 전망이다. 따뜻한 모닝커피 한 잔! 완벽한 이탈리아 스타일의 커피다. 카페라테나 카푸치노, 마키아토 같은 에스프레소 베리에이션 메뉴를 제대로 한다. 로스팅까지 직접 소화하며, 원한다면 원두를 구매할 수도 있다. 너무 쓰거나 너무 달거나. 극과 극을 치닫는 베트남 커피에 질렸다면 이곳으로 향할 것.

위치 호이안 야시장에서 도보 2분 **주소** 17 Nguyễn Phúc Chu, Hội An **오픈** 06:30~22:00 **가격** 커피 2만7천 동, 주스 3만7천 동 **전화** 0905-466-300 **인스타그램** @11coffeehouse **지도** MAP BOOK 14①

☕ CAFE

로지스 카페
Rosie's Cafe

부산한 거리 사이로 난 좁은 골목길을 따라 쭉 들어가면 로지스 카페가 모습을 드러낸다. 깊숙이 숨어 있는데도 일부러 찾아오는 사람이 많다. 2016년 3월부터 영업해온 감각적인 카페. 신선한 음료와 아보카도 토스트처럼 가볍게 즐길 만한 음식을 저렴하게 내놓는다. 서양인 장기 여행자들의 아지트 노릇을 하는 곳. 과일 주스와 콜드브루 등의 커피, 초콜릿 음료와 차 등이 준비된다. 차 한 잔의 여유도 좋고 브런치도 더없이 좋고! 단골 삼고 싶은 무드.

위치 내원교에서 도보 2분 **주소** 8/6 Nguyễn Thị Minh Khai, Hội An **오픈** 평일 09:00~17:00, 토요일 08:00~15:00 **휴무** 일요일 **가격** 음료 2만5천~8만 동 **전화** 0905-312-433 **홈피** www.facebook.com/love.rosiecafe **지도** MAP BOOK 14Ⓔ

호이안 로스터리
Hoi An Roastery

구시가지에서 제일 흔한 커피 전문점. 호이안에만 지점이 7군데 있고, 여전히 확장세다. 중간 상인을 거치는 대신, 달랏 근처의 농장에서 커피나무를 키우는 농부에게 합당한 대가를 치른다. 세 가지 스타일의 원두를 사용한다. 100% 아라비카만 쓰거나 100% 로부스타를 쓰거나. 베트남식 커피에는 로부스타가 더 어울린다. 이 두 가지를 혼합해 에스프레소 메뉴에 사용한다. 아라비카의 맛과 향을 유지하면서 우유를 섞어도 강한 맛이 나도록!

위치 내원교에서 도보 1분 **주소** 135 Trần Phú, Hội An **오픈** 07:00~22:00 **가격** 커피 4만~7만 동 **전화** 0235-3927-772 **홈피** www.hoianroastery.com **지도** MAP BOOK 14ⓔ

앨리 아티스트 하우스
Alley Artist House

좀처럼 눈에 띄는 곳이 아니라 그녀가 내놓은 간판이 아니었다면 발견하지 못했을 것. 하마터면 그냥 지나칠 뻔했다. 앨리 아티스트 하우스, 이름처럼 골목길 끝자락에 위치한다. 오토바이가 세워진 좁은 길을 더듬더듬 걸어가면 주택가처럼 보이는 골목 앞, 카페 창문 너머로 젊은 여주인이 반겨준다. 로컬 아티스트가 운영하는 카페. 조촐한 규모지만 소소하게 작품 전시도 한다.

위치 호이안 시장에서 도보 1분 **주소** 11/3 Nguyễn Thái Học, Hội An **오픈** 08:00~19:00 **가격** 음료 3만~5만 동 **전화** 0973-493-066 **지도** MAP BOOK 15ⓖ

에스프레소 스테이션
Espresso Station

커피 맛 하나로 승부수를 던지는 에스프레소 스테이션. 조용한 주택가에 숨겨진 보석 같은 카페다. 베트남 달랏에서 질 좋은 커피를 선별해 들여온 뒤 카페 내부의 커피 로스터로 원두를 볶는다. 가정집을 개조해 만들었기 때문에 아늑한 구조. 실내에 좌석이 몇 개 있고, 야외에도 테이블이 있다. 식물들이 우거진 초록빛 정원에 둘러싸여 평화로운 시간을 즐긴다. 오래 머물러도 편안하다.

거의 모든 종류의 커피를 총망라한다. 베트남의 시그니처 커피인 코코넛 커피와 에그 커피는 물론, 창의력이 돋보이는 블랙 라테와 핑크 라테도 색다르다. 커피를 얼린 얼음에 우유를 부어 마시는 큐브 라테도 부드럽고 맛있다. 커피가 내키지 않는다면 설탕을 넣지 않은 과일 주스가 있다. 브라우니, 크루아상 등의 베이커리도 취급하는데 수준급! 휴식이 필요할 때, 기분 전환이 간절할 때 찾으면 딱!

위치 호이안 박물관에서 도보 2분 | 주소 28/2 Trần Hưng Đạo, Hội An | 오픈 07:30~17:30 | 가격 커피 4만~7만 동 | 전화 0905-691-164
지도 MAP BOOK 14®

☕ CAFE

못 호이안
Mót Hội An

오며 가며 눈에 띄는 가게. 허브로 만든 차를 테이크아웃 해가는 여행자가 많다. 생강, 레몬그라스, 시트로넬라, 라임 등을 넣어 우린 허브차가 못 호이안의 명물 아이템. 마무리로 핑크빛 연꽃잎을 장식해 주는 게 포인트다. 손에 컵을 들고 번쩍 올려주기만 하면 인증샷 완성! 한 잔에 단돈 1만 동이다. 내부에서는 호이안의 명물 음식을 판다. 까오러우, 껌가 같은 호이안 대표 메뉴로 간단히 끼니를 해결할 수 있다.

위치 내원교에서 도보 2분 **주소** 150 Trần Phú, Hội An **오픈** 09:00~22:00 **가격** 허브차 1만 동 **전화** 0901-913-399 **지도** MAP BOOK 14ⓕ

☕ CAFE

핀 커피
Phin Coffee

구석진 골목의 카페. 주택을 개조했다. 내부에는 커다란 로스팅 기계를 들였고, 넓은 앞마당에 테이블을 놓았다. 기본에 충실한 곳. 커피 맛이 좋고 편안하며 직원 모두가 친절하다. 오토바이와 인파 속에 머물다 이곳에 도착하면 평온함이 느껴질 것. 시그니처 메뉴로 바리스타의 창의력이 담긴 음료 몇 가지를 선보인다. 상큼한 라임을 더한 커피와 요거트를 섞은 커피. 궁금하다면 도전! 트립어드바이저 순위가 상당히 높다. 방문객 대부분이 만점인 5점을 안겼다.

위치 내원교에서 도보 3분 **주소** 132/7 Trần Phú, Hội An **오픈** 08:00~17:30 **가격** 4만~5만5천 동 **전화** 0919-882-783 **지도** MAP BOOK 14ⓕ

☕ CAFE

코코바나 티룸 & 가든
Cocobana Tearooms & Garden

200년도 더 된 고가옥이다. 여느 찻집과 확연히 다른 분위기. 오묘한 첫인상이었다. 얼핏 보면 골동품 가게 같기도 하고 상점 같기도. 코코바나 티룸으로 불리지만 간판이 눈에 띄지 않아 '라 티엔 타이 La Thiên Thái'라고 적힌 현판을 찾는 게 빠르다. 고요함이 감도는 실내, 편안한 음악이 흘러나온다. 정원을 지나 안쪽으로 들어가면 차를 마시며 족욕 할 수 있는 공간이 나온다. 운치 있는 카페. 주문은 입구 앞 카운터에서 셀프로 한다.

위치 호이안 시장에서 도보 1분 **주소** 16 Nguyễn Thái Học, Hội An **오픈** 12:00~16:00 **휴무** 월요일 **가격** 음료 7만~15만 동 **전화** 0936-731-103 **지도** MAP BOOK 15ⓖ

☕ CAFE

왓 엘스 카페
What Else Cafe

아침, 점심, 저녁 식사는 물론이고 커피와 간식, 밤에는 칵테일이나 와인으로 술 한잔까지! 내키는 대로 시간을 보낼 수 있는 카페 겸 레스토랑이다. 아보카도를 곁들인 스무디와 오믈렛은 든든한 아침 식사로, 서양식과 베트남식이 골고루 섞인 메인 요리는 점심이나 저녁 식사로 알맞다. 채식주의자를 위한 메뉴판이 따로 있다. 다양하지 않지만 와인 리스트도 갖췄다. 직원들이 친절해서 더 기분 좋은 시간.

위치 호이안 시장에서 도보 6분 **주소** 10/1 Nguyễn Thị Minh Khai, Hội An **오픈** 09:00~21:00 **휴무** 화요일 **가격** 음료 2만5천~9만 동, 푸드 9만~16만 동 **전화** 0122-6416-037 **지도** MAP BOOK 14ⓔ

227

미아 커피
Mia Coffee

내부는 로컬 스타일. 꾸밈없이 투박하다. 넓고 커피 맛이 좋아 단골손님이 많은 카페. 로스팅까지 소화하는 로스터리 카페여서 발을 디딤과 동시에 짙은 커피 향이 콧속으로 훅 스민다. 베트남식 커피도 메뉴에 있긴 하지만 아메리카노, 카페라테, 카푸치노 같은 서양식 커피를 찾는 사람이 훨씬 많다. 커피 샷 추가는 2만 동이고, 원하면 우유 대신 두유로 바꿔준다. 초콜릿 타르트, 레몬 치즈 케이크 등 간식거리도 있다.

위치 호이안 시장에서 도보 6분 주소 20 Đường Phan Bội Châu, Hội An 오픈 08:00~17:00 가격 커피 3만~4만 동 전화 0905-552-061 지도 MAP BOOK 15ⓗ

딩고 델리
Dingo Deli

2010년부터 영업해온 서양인 소유의 베이커리 카페. 외국인 거주자, 여행자 사이에서 뜨거운 인기를 누리고 있다. 이탈리아의 라바짜 커피를 사용하고, 숙련된 제빵사가 수시로 빵을 구워낸다. 종일 서양식 아침 식사를 주문할 수 있고, 원하는 재료만 골라 넣어 나만의 샌드위치를 만들어도 된다. 다양한 국적을 넘나드는 광범위한 메인 요리 리스트도 흡족! 단점이 있다면 위치가 다소 애매해 일부러 찾아가야 한다는 것. 작지만 아이들을 위한 놀이터도 있다.

위치 호이안 시장에서 도보 1분 주소 277 Cửa Đại, Hội An 오픈 07:30~21:30 가격 음료 2만~10만 동, 푸드 5만~24만 동 전화 0706-009-300 홈피 www.dingodelihoian.com 지도 MAP BOOK 13ⓗ

 CAFE

더 힐 스테이션
The Hill Station

빛바랜 노란색으로 덮인 건물, 청록색의 문. 오랜 시간의 흔적이 서린 흥미로운 건축물이다. 노르웨이 출신의 오너 토미가 여행을 왔다가 베트남 문화에 매료돼 눌러앉았었다. 힐 스테이션의 시작은 사파였다. 그곳에 처음 문을 열었다. 지금은 사파와 하노이, 호이안에 힐 스테이션을 운영하는데 각 지점마다 테마가 있다. 호이안의 콘셉트에는 델리카트슨을 더했다. 생햄이나 치즈 등을 플레이트에 담아 크래프트 맥주, 와인 등 주류와 함께 낸다.

이른 시간에는 모닝커피, 아침 때우러 오는 서양인이 주 고객이다. 오믈렛, 홈메이드 팬케이크, 과일 샐러드, 바게트 샌드위치 등이 있다. 점심 메뉴로는 100% 호주산 소고기 패티를 넣은 버거 추천. 이탈리아 커피와 홈메이드 케이크도 썩 괜찮아서 커피 또는 식사. 어느 쪽이든 무난한 선택이다.

위치 호이안 시장에서 도보 5분 **주소** 321 Nguyễn Duy Hiệu, Hội An **오픈** 07:00~22:00 **가격** 음료 3만5천~8만5천 동, 푸드 8만5천~27만 동 **전화** 0235-6292-999 **홈피** www.thehillstation.com **지도** MAP BOOK 15⑪

☕ CAFE

안방 비치

사운드 오브 사일런스 커피
Sound Of Silence Coffee

시끌벅적한 안방 해변에서 살짝 벗어난 데 있다. 한가로이 힐링의 시간을 보내기 더없이 좋다. 해변이 내려다보이는 작은 언덕 위, 싱그러운 야자수가 드리워진 나무 그늘에 앉아 커피를 마시고 브런치를 즐긴다. 솜씨 좋은 바리스타가 내리는 맛있는 커피를 마실 수 있다. 간단하게 차려지는 아침 식사와 피자, 버거 등의 음식도 수준급. 트로피컬 가든이 딸린 평화로운 숙소인 탄 탄 가든 홈스테이와 마주한다. 휴양지의 아름다움이 고스란히 느껴지는 곳.

위치 안방 비치 주소 40 Nguyễn Phan Vinh, Hội An 오픈 07:00~16:30 가격 커피 3만~6만 동 전화 0235-3861-101 지도 MAP BOOK 16ⓕ

☕ CAFE

안방 비치

소울 비치 레스토랑 & 바
Soul Beach Restaurant & Bar

안방 비치에서 가장 번화한 바닷가. 끝자락에 있다. 초입의 가게들이 워낙 붐비기 때문에 끄트머리에 위치한 소울 비치 레스토랑 & 바는 상대적으로 한산하다. 게으른 한때를 보내며 휴식하기에 더할 나위 없이 좋다. 테이블과 의자가 큼직하고 테이블 간 간격이 널찍해서 늘어져 있기 좋은 곳. 파라솔 그늘 아래 드러누워 노닥거리고 있으면 천국이 따로 없다. 음료를 주문하면 선베드를 마음껏 이용할 수 있다. 깊은 밤이 오면 흥거운 라이브 공연을 펼치기도.

위치 안방 비치 주소 An Bang Beach, Hội An 오픈 07:30~23:00 가격 음료 2만~10만 동 전화 0911-020-778 지도 MAP BOOK 16ⓑ

안방 비치

더 데크 하우스
The Deck House

바다를 마주 보고 있다. 야외 정원의 테이블에서 아름다운 바다 풍경을 감상할 수 있는 바 겸 레스토랑. 내부 곳곳을 블루톤으로 단장했다. 청량감을 더해주는 파란색 쿠션이 하이라이트. 일광욕과 해수욕을 무한 반복하다 목이 마르거나 지칠 때쯤 들어가 목부터 축이자. 열대의 과일을 듬뿍 갈아 넣은 주스나 칵테일, 크래프트 맥주로 시원하게! 식사는 베트남 요리와 서양식 퓨전 요리, 신선한 해산물 등을 총망라한다.

위치 안방 비치　주소 An Bang Beach, Hội An　오픈 07:00~22:00　가격 음료 6만~14만 동　전화 0911-020-778　홈피 www.thedeckhouseanbang.com　지도 MAP BOOK 16ⓑ

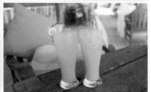

안방 비치

솔트 펍 & 레스토랑
Salt Pub & Restaurant

소울 키친, 라 플라주 등이 몰려 있는 메인 비치보다 한적해서 마음에 드는 바다. 해변에 놓인 펍 겸 레스토랑이다. 잔디가 촘촘하게 깔린 정원에서 푸른 바다가 보인다. 베트남, 호주 커플이 꾸민 자연 친화적인 공간. 실내 공간은 세련되고 깔끔하게 꾸몄다. 서양식 및 베트남식 식사, 에스프레소 커피, 각종 주류를 즐길 수 있다. 레스토랑 맞은편에 숙소도 함께 운영한다. 바닷가에서의 하룻밤을 꿈꾸고 있다면 비치 사이드 부티크 리조트 메모!

위치 안방 비치　주소 An Bang Beach, Hội An　오픈 07:30~22:30　가격 음료 3만~13만 동　전화 0235-375-7777　홈피 www.saltpubhoian.com　지도 MAP BOOK 16ⓕ

🎵 NIGHTLIFE

화이트 마블 와인 바
White Marble Wine Bar

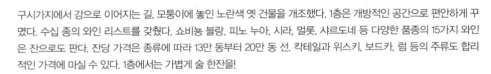

구시가지에서 강으로 이어지는 길, 모퉁이에 놓인 노란색 옛 건물을 개조했다. 1층은 개방적인 공간으로 편안하게 꾸몄다. 수십 종의 와인 리스트를 갖췄다. 쇼비뇽 블랑, 피노 누아, 시라, 멀롯, 샤르도네 등 다양한 품종의 15가지 와인은 잔으로도 판다. 잔당 가격은 종류에 따라 13만 동부터 20만 동 선. 칵테일과 위스키, 보드카, 럼 등의 주류도 합리적인 가격에 마실 수 있다. 1층에서는 가볍게 술 한잔을!

해 질 무렵이 되면 하나둘씩 사람이 들어찬다. 밤이 깊어갈수록 손님이 많아지는데 한창때는 빈자리를 찾기 쉽지 않을 정도. 가벼운 타파스와 외국인 입맛에도 잘 맞는 베트남, 프랑스, 이탈리아 퓨전 요리를 낸다. 샐러드와 전식, 본식, 디저트까지 풀코스로 나오는 코스 요리도 괜찮다. 2인 이상 주문 가능. 에어컨 시설을 갖춘 2층은 상대적으로 한산하고 쾌적해 식사 장소로 알맞다.

위치 내원교에서 도보 4분 주소 98 Lê Lợi, Hội An 오픈 11:00~23:00 가격 스몰 플래터 9만~15만 동, 코스 요리 48만~53만 동 전화 0235-3911-862 지도 MAP BOOK 14ⓙ

큐바
Q Bar

전통적인 장식과 서양 스타일의 인테리어가 조화를 이룬다. 세련미 넘치는 바. 안쪽의 카운터석 위로 시선을 옮기면 짙은 빨간색 조명이 매달려 있어 강렬하다. 가장 인기 있는 자리는 사람 구경하기 좋은 입구 앞의 양쪽 테이블. 오전 11시부터 7시까지는 해피 아워로 일부 칵테일을 8만 동에 제공한다. 패션후르츠 마티니, 하우스 모히또, 지역색을 듬뿍 담아 만든 창작 칵테일도 신선하다. 인근 농촌에서 재배한 오이를 넣어 만든 칵테일 짜꿰 Trà Quế 가든 추천!

위치 내원교에서 도보 3분 **주소** 94 Phố Nguyễn Thái Học, Hội An **오픈** 11:00~24:00 **가격** 주류 5만~50만 동 **전화** 0235-3911-964 **지도** MAP BOOK 14Ⓕ

다이브 바
Dive Bar

세계 각지에서 모여든 외국인들로 가득한 바. 신나는 음악이 흐르고 자유로운 공기가 감도는 술집이다. 여럿이 모여 앉아 노닥거리기 좋은 푹신한 소파 좌석, 활기차게 술잔이 오가는 바. 안쪽에는 당구대가 설치돼 있다. 흥겨운 파티 분위기로 다양한 맥주와 칵테일을 즐길 수 있다. 원한다면 달콤한 향이 나는 물담배 시샤도 가능. 초저녁에 가면 텅비어 있을 때가 잦다. 다이브 바는 늦은 밤에 가야 흥이 넘친다.

위치 내원교에서 도보 4분 **주소** 88 Nguyễn Thái Học, Hội An **오픈** 10:00~24:00 **가격** 와인 1잔 6만~9만 동, 맥주 3만5천~8만 동 **전화** 0235-3910-782 **홈피** www.vietnamscubadiving.com **지도** MAP BOOK 14Ⓕ

선데이 인 호이안
Sunday in Hoi An

세련되고 감각적인 물건들만 매의 눈으로 골라 내놓는 편집숍이다. 동남아시아 전역에서 공수해온 다양한 수공예품을 선보인다. 베트남의 수공예품 마을의 장인들과 협력해 만든 아이템도 있다. 대나무, 리넨, 실크, 목재 같은 천연의 소재로 만든 물건이 다수. 구름에서 자고 있는 듯 부드러운 촉감의 리넨 침구, 요리를 더 돋보이게 돕는 그릇들, 평범한 일상에 향기를 보태주는 아로마 제품, 포인트가 될 만한 인테리어 소품 등을 취급한다. 가구, 침구, 목욕용품, 주방용품, 의류를 총망라하는 라이프 스타일 숍.

집 꾸미기, 소품 장만에 관심이 있다면 한 번쯤 찾아가볼 만한 선데이 인 호이안. 호이안 구시가지 내 매장이 두 군데 있다. 또 하나의 매장은 '25 Nguyễn Thái Học' 이 주소를 찾아가자.

위치 푸젠 회관에서 도보 1분 **주소** 76 Trần Phú, Hội An **오픈** 10:00~21:00 **전화** 0916-733-640 **홈피** www.sundayinhoian.com **지도** MAP BOOK 14Ⓕ

메티세코
Metiseko

프랑스와 베트남의 패션 크리에이터가 모여 만든 패션 브랜드. 베트남 문화와 자연에서 영감을 얻어 디자인한다. 베트남의 중앙 고원에서 가져온 실크로 만든 의류와 가방, 스카프나 귀걸이 등의 액세서리를 판다. 우아하고 화려한 색채가 돋보이는 브랜드. 호이안 구시가지에는 메티세코 매장이 두 군데 있다. 일본과 중국, 프랑스의 영향을 받은 독특한 건축물을 부티크로 꾸몄다.

위치 내원교에서 도보 2분 주소 142 Trần Phú, Hội An 오픈 08:30~21:30 전화 0235-3929-878 홈피 www.metiseko.com 지도
MAP BOOK 14ⓕ

징코
Ginkgo

2006년 베트남을 방문한 한 프랑스인. 귀여운 디자인의 티셔츠를 사고 싶었지만 찾을 수 없었다. 그래서 생각해낸 아이디어가 징코의 출발이다. 여자친구의 도움으로 다음 해 열 가지 디자인의 티셔츠를 만들어 팔기 시작했다. 이후 하노이, 호치민, 호이안 등에 10여 개의 징코 매장을 냈다. 베트남의 삶과 문화에서 영감을 얻은 독창적인 스타일. 남녀, 어린이를 위한 의류와 가방 등을 판매한다. 베트남임을 감안하면 가격대는 높은 편.

위치 호이안 시장에서 도보 2분 주소 93 Trần Phú, Hội An 오픈 08:00~22:00 전화 0235-3921-379 홈피 www.ginkgo-vietnam.com
지도 MAP BOOK 14ⓕ

더 캄 스파
The Calm Spa

추천 마사지 더 캄 시그니처 마사지
소요 시간 75분
가격 55만 동
예약 홈페이지 또는 메일

트립어드바이저에서 오랫동안 높은 점수를 유지해온 마사지 숍. 가보면 안다. 왜 다들 칭찬 일색인지! 때 묻지 않은 시골 풍경을 마음껏 누릴 수 있는 곳. 논으로 둘러싸여 평화롭고 자연 친화적이다. 아늑한 공간에서 몸과 마음을 평온하게, 그야말로 힐링 명당이다. 마사지에 쓰이는 재료들은 100% 천연. 마사지 경험이 풍부한 직원들이 솜씨를 발휘해 만족스럽다. 스파 패키지 프로그램을 이용하면 바디 스크럽, 마사지와 함께 와인과 건강식까지 풀 서비스로!

위치 호이안 박물관에서 차로 8분 **주소** 35 Lê Thánh Tông, Hội An **오픈** 09:00~19:30 **전화** 0905-949-456 **홈피** www.thecalm.vn **메일** contact@thecalm.vn **지도** MAP BOOK 11⑥

화이트 로즈 스파
White Rose Spa

추천 마사지 화이트 로즈 시그니처 마사지
소요 시간 80분
가격 59만 동
예약 카카오톡 whiterosespa

서비스와 마사지, 시설, 인테리어 등에서 두루 좋은 평가를 받고 있다. 친근함이 돋보이는 리셉션 직원들. 내부는 알록달록한 호이안 등불과 마사지에 동원되는 천연의 재료들로 장식돼 있다. 향긋한 오일로 몸과 마음을 이완시켜주는 스트레스 릴리즈 마사지, 아시아의 갖가지 마사지 요법을 더해 구성한 아시아 블렌드 마사지, 허브 볼을 활용하는 베트남 시그니처 마사지, 아유르베다에 기반을 둔 인도식 머리 마사지 등 다채로운 프로그램을 운영한다.

위치 호이안 박물관에서 도보 10분 **주소** 529 Hai Bà Trưng, Hội An **오픈** 09:30~22:00 **전화** 0235-3929-279 **홈피** www.whiterose.vn **메일** pandanusspa@gmail.com **지도** MAP BOOK 12⑥

아트 스파
Art Spa

추천 마사지 아로마 테라피
소요 시간 60분/ 90분
가격 45만 동/ 65만 동
예약 메일

호이안 구시가지와 가까운 아트 스파. 여행자가 드나들기 좋은 위치로 합리적인 가격, 깔끔한 시설을 갖췄다. 밤이 깊어갈수록 요란해지는 호이안 야시장에서 멀지 않지만, 골목 안쪽에 자리해 내부는 조용하다. 고전적인 느낌의 외관은 베트남 전통 스타일로 꾸몄다. 상대적으로 손님이 적고 한산한 시간대인 오전 10시부터 오후 5시까지는 해피 아워. 소소하지만 할인 혜택이 주어진다.

위치 호이안 야시장에서 도보 1분 **주소** 37 Nguyễn Phúc Tả, Hội An **오픈** 10:00~22:00 **전화** 0906-488-820 **홈피** www.artspahoian.com **메일** artspahoian@gmail.com **지도** MAP BOOK 14①

판다누스 스파
Pandanus Spa

추천 마사지 판다누스 시그니처 마사지
소요 시간 80분
가격 46만 동
예약 카카오톡 pandanusspa

기대보다 훨씬 좋았던 마사지 숍, 판다누스 스파. 저렴하고 친절하며 마사지 실력도 좋아서 딱히 나무랄 데가 없다. 시설은 베트남에서 흔히 볼 수 있는 로컬 스파보다 약간 나은 수준이지만, 중요한 건 마사지 아닌가. 상냥한 직원들과 노련한 마사지사 덕분에 편안한 시간을 보냈다. 어깨에 듬뿍 발라주는 호랑이 연고도 만족! 호이안 구시가지에서 걷기엔 먼 거리. 호이안 시내에 머물고 있다면 무료로 제공하는 픽업과 샌딩 서비스를 요청하자.

위치 호이안 박물관에서 차로 5분 **주소** 21 Phan Đình Phùng, Hội An **오픈** 10:00~21:00 **전화** 0935-552-733 **홈피** www.pandanusspahoian.com **메일** pandanusspa@gmail.com **지도** MAP BOOK 12⑧

팔마로사 스파
Palmarosa Spa

추천 마사지 스트레스 릴리프
소요 시간 60분 / 90분
가격 38만 동 / 55만 동
예약 카카오톡 palmarosaspa

인테리어 덕을 많이 보는 곳이다. 투박한 모습의 주변 숍들과 다르게 여성스럽고 화려한 인테리어를 자랑한다. 페이셜 관리, 바디 마사지뿐 아니라 머리, 어깨, 팔, 발 등 특정 부위에 집중하는 마사지도 선보인다. 매니큐어와 페디큐어도 가능. 리셉션 직원들은 친절하나 규모가 큰 편이라 마사지사의 실력은 제각각이다. 운이 좋으면 실력 있는 관리사를 만날 수 있지만 운이 나쁘면 정 반대, 최악의 경험을 하게 될 수도.

위치 내원교에서 도보 9분 **주소** 48 Bà Triệu, Hội An **오픈** 10:00~21:00 **전화** 0235-3933-999 **홈피** www.palmarosaspa.vn **지도** MAP BOOK 12ⓔ

다한 스파
Dahan Spa

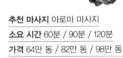

추천 마사지 아로마 마사지
소요 시간 60분 / 90분 / 120분
가격 64만 동 / 82만 동 / 98만 동
예약 카카오톡 dahanspa

한국인이 운영한다. 대다수의 직원이 유창한 혹은 간단한 한국어를 구사해 원활한 소통이 가능하다. 이점 때문에 손님의 99%가 한국인. 시설이 쾌적하며 픽업과 샌딩이 무료. 편하게 이동할 수 있게 전용 차량을 보내준다. 오일 마사지를 선호하지 않는다면 건식 마사지 선택. 대나무 마사지는 단단한 대나무 봉으로 문지르듯 마사지한다. 뭉친 근육과 피로를 말끔히 풀어준다. 마사지 후에는 연유 커피 등 원하는 음료를 내주고 코코넛 과자를 선물로 안겨준다.

위치 호이안 박물관에서 차로 8분 **주소** 56 Phan Đăng Lưu, Hội An **오픈** 10:00~22:00 **전화** 0941-185-762 **홈피** hoiandahanspa.modoo.at **지도** MAP BOOK 12ⓐ

코랄 스파
Coral Spa

추천 마사지 코랄 스파 시그니처 마사지
소요 시간 90분
가격 55만 동
예약 카카오톡 CoralSpa

호이안 야시장이 서는 길에서 안쪽으로 살짝 들어가면 작고 아담한 마사지 숍이 몇 군데 나온다. 그중 늘 손님이 끊이지 않는 곳은 숨은 강자 코랄 스파. 알음알음 소문 듣고 찾아오는 여행자가 줄을 잇는다. 추천하고 싶은 마사지 는 몸을 풀어주는 스트레칭과 다양한 마사지 기술로 구성한 코랄 스파 시그 니처 마사지다. 근육 이완, 긴장 완화 등에 효과가 있다. 100% 코코넛 오일을 사용하는 마사지. 꼼꼼한 설명을 곁들인 한국어 메뉴를 준비해뒀다.

위치 호이안 야시장에서 도보 1분 **주소** 69 Nguyễn Phúc Tần, Hội An **오픈** 09:30~21:00
전화 0235-3910-172 **홈피** www.coralspa.info **지도** MAP BOOK 14①

╲ 호이안에서 마사지 잘 받는 꿀팁 ╱

❶ 밤이 되면 호이안 구시가지, 야시장 일대에 "마사지"를 외치는 사람이 늘어난다. 가격대는 대부분 저렴하나 하는 둥 마는 둥 엉성하기 짝이 없는 마사지 숍을 소개할 때가 더러 있다. 발품을 팔더라도 아트 스파, 코랄 스파 등 좋은 후기를 많이 받은 근처의 숍을 찾아가는 게 돈과 시간을 아끼는 방법.

❷ 좀 더 고급스러운 시설을 원한다면 라 시에스타 리조트의 라 스파 La Spa, 아난타라 호이안 리조트의 아난타라 스파 Anantara Spa 등 호텔에 딸린 숍을 이용하자. 단, 호이안 시내의 숍들보다 높은 가격대임을 감안해야 한다. 할인 쿠폰을 제공하는 호텔 내 숍도 있으니 혜택을 눈여겨볼 것.

아난타라 호이안 리조트
Anantara Hoi An Resort
★ ★ ★ ★ ★

고급스러움이 묻어나는 아난타라 호이안 리조트. 디럭스 발코니 룸, 디럭스 가든 뷰 스위트, 디럭스 리버 뷰 스위트 등의 객실 타입이 있다. 방은 볕이 잘 드는 구조로 환하고 고전적인 느낌으로 장식돼 있다. 발코니는 정원 또는 강 전망. 방마다 유명 로컬 작가의 사진이 걸려 있다. 투본강을 바라보며 여유롭게 식사할 수 있는 레스토랑과 바, 풀 서비스를 제공하는 아난타라 스파, 통유리 건물에 자리한 피트니스 시설, 푸른 안뜰의 수영장 등 부대시설이 훌륭하다. 관광과 휴양 모두 챙기고 싶을 때 괜찮은 호텔.

주소 1 Phạm Hồng Thái, Hội An **전화** 0235-3914-555 **홈피** www.anantara.com **체크인** 14:00 **체크아웃** 12:00 **지도** MAP BOOK 13⑥

SPECIAL
1 매일 아침 무료 요가 수업
2 3일 또는 5일간 진행되는 웰니스 리트리트 프로그램 유료 운영
3 정성스럽게 가꾼 정원과 산책로

COMMENT
가짓수가 풍성하고 퀄리티도 흡족한 아침 식사에 대한 평가가 좋다.

🍴 RESTAURANT
랜턴스 | 강 전망의 레스토랑. 뷔페식 아침 식사를 제공한다.
호이안 리버사이드 | 해산물 요리와 베트남 음식, 역시 강변의 레스토랑이다.
아트 스페이스 | 아트 갤러리처럼 꾸몄다. 메뉴는 서양식.
리플렉션 풀 바 | 수영장을 끼고 있는 바. 시원한 스무디와 칵테일.
다이닝 바이 디자인 | 둘만을 위한 로맨틱한 공간. 사전 예약 필수.

라 시에스타 호이안 리조트 & 스파

La Siesta Hoi An Resort & Spa

★★★★

SPECIAL
1 5성급 호텔 뺨치는 세심한 서비스
2 호이안 구시가지, 안방 비치행 셔틀버스 무료 운행
3 넓고 쾌적한 수영장

COMMENT
이 리조트의 장점은 역시 직원들. 소소한 부분까지 세심하게 신경 쓰는 서비스가 감동적이다.

룸 컨디션, 직원들의 서비스, 수영장과 스파 등의 부대시설, 조식 등 거의 모든 면에서 만점을 기록하고 있는 가심비 훌륭한 호텔. 약 100여 개의 객실로 영업 중이다. 현대적인 무드와 전통미가 조화롭게 어우러진 실내. 일반 객실은 세련된 스타일로 꾸몄고, 스위트 룸은 콜로니얼 양식을 더해 고풍스럽게 장식했다. 4인 가족이 한 공간에 머물 수 있는 디럭스 패밀리 객실도 있다. 조용하고 깔끔한 공간. 호이안 구시가지와 안방 비치까지 셔틀버스를 무료로 운행한다.

주소 132 Hùng Vương, Hội An 전화 0235-3915-915 홈피 www.lasiestaresorts.com
체크인 15:00 체크아웃 12:00 지도 MAP BOOK 12ⓔ

✗ **RESTAURANT**
레드 빈 레스토랑 | 호이안의 명물 음식 포함, 모던한 느낌의 베트남 음식을 요리한다.
템플 레스토랑 & 라운지 | 이탈리아, 프랑스 등 서양식이 주를 이룬다.
펠리스 바 | 스페인어로 행복을 의미한다. 수영장 옆 휴식하기 좋은 공간.

알마니티 호이안 웰니스 리조트

Almanity Hoi An Wellness Resort

★ ★ ★ ★

SPECIAL

1 안방 비치행 셔틀버스 유료 운행
2 매일 마사지 1회 무료
3 4일 또는 8일간 리트리트 프로그램 유료 운영
4 매일 아침 무료 요가 수업

COMMENT

알마니티 호이안 웰니스 리조트는 웰니스에 중점을 둔다. 매일 1회 마사지를 무료로 이용할 수 있다.

구시가지까지 도보로 15분, 무료로 빌려주는 자전거를 타고 가면 5분 안에 도착한다. 열대의 나무들이 울창하게 자란 정원이 있어 기분 나는 호텔. 객실 유형이 여섯 가지 타입이라 가족, 커플, 친구 등 여행의 성격에 맞게 선택할 수 있다. 가구들이 우드톤이어서 온화한 분위기를 연출한다. 가장 큰 자랑거리는 수영장과 스파. 중앙에 위치한 수영장은 야자수들이 에워싸고 있어 시원한 그늘을 만들어준다. 스파 인클루시브 호텔로 1박당 1회의 마사지 무료 이용 가능. 마이치 스파는 40개의 트리트먼트 룸을 운영하고 있다. 웰빙이 이 호텔의 키 포인트.

주소 326 Lý Thường Kiệt, Hội An **전화** 0235-3666-888 **홈피** www.almanityhoian.com **체크인** 14:00 **체크아웃** 12:00 **지도** MAP BOOK 12ⓕ

✕ RESTAURANT
포 플레이트 | 베트남 요리, 일식, 이탈리아 요리 등 다채로운 음식을 선보인다.
블루 보틀 바 | 가벼운 음료와 주류, 타파스 제공.

선라이즈 프리미엄 리조트 호이안

Sunrise Premium Resort Hoi An

★ ★ ★ ★ ★

SPECIAL

1 바다 전망의 객실

2 공항행, 호이안 구시가지행 셔틀버스 유료 운행

COMMENT

호텔 앞이 해변이지만 백사장 앞이 방파제로 막혀 있어 바다를 누리기엔 아쉽다. 바다를 즐기려면 안방 비치로!

끄어다이 비치 앞 5성급 리조트. 디럭스 룸, 클럽 디럭스 오션 뷰 룸, 선라이즈 스위트, 방이 여럿 딸린 풀 빌라 등의 객실이 있다. 객실은 평범하다. 클럽 룸을 이용하면 애프터눈 티, 와인과 칵테일 등의 주류, 다낭국제공항까지 왕복 픽업, 세탁 서비스 등을 무료로 제공한다. 2개의 메인 풀과 유아용 수영장을 갖췄다. 푸른 야자수에 둘러싸인 수영장은 바다가 보이는 전망. 오전 7시부터 오후 10시까지 운영해 휴식을 취하거나 일광욕 즐기기에 제격이다. 호이안 구시가지로 가는 셔틀버스 유료 운행.

주소 Âu Cơ, Cửa Đại, Hội An **전화** 0235-3937-777 **홈피** www.sunrisehoian.vn
체크인 15:00 **체크아웃** 11:00 **지도** MAP BOOK 11⊞

✖ RESTAURANT

풀 하우스 | 풀 사이드에서 즐기는 식사. 서양식과 베트남식.

스파이스 가든 | 베트남식과 아시아 요리. 조식과 저녁 식사를 제공한다.

더 라운지 | 이탈리아 음식을 내는 가스트로 펍. 애프터눈 티가 있고 해피 아워도 운영 중.

아이라 부티크 호이안 호텔 & 스파
Aira Boutique Hoi An Hotel & Spa
★ ★ ★ ★

SPECIAL
1 안방 비치와 가까운 위치
2 2017년에 문 연 신축 호텔
3 안방 비치 내 파라솔 무료 이용

COMMENT
2박 이상 묵는다면 하루는 안방 비치 앞에서 묵어도 좋을 듯.

2017년에 오픈했다. 40개의 객실이 있는 아담한 규모의 부티크 호텔. 세련된 소품들로 장식된 아늑하고 포근한 객실이다. 마음껏 일광욕과 휴식을 즐길 수 있도록 안방 비치 내 파라솔과 타올을 무료로 제공한다. 레스토랑과 스파, 바, 야외 수영장, 당구장 등의 부대시설이 있다. 쿠킹 클래스, 사이클링 투어, 세계문화유산인 미썬과 후에 등으로의 일일투어를 유료로 진행. 하루쯤은 바닷가 앞에서 머물고 싶은 여행자에게 제격이다.

주소 An Bang Beach, Hội An **전화** 0235-3926-969 **홈피** www.airaboutiquehoian.com
체크인 14:00 **체크아웃** 12:00 **지도** MAP BOOK 16Ⓑ

✕ **RESTAURANT**
아이라 가든 레스토랑 & 바 | 정원 전망의 레스토랑. 베트남 음식과 서양식을 골고루 제공한다.

벨 메종 하다나 호이안 리조트 & 스파

Belle Maison Hadana Hoi An
Resort & Spa

★ ★ ★ ★

SPECIAL

1 다양한 높이의 넓은 야외 수영장
2 무료 키즈 클럽 운영

COMMENT

수영장 이용 시간은 오전 7시부터 오후 7시까지. 밤에는 안전 등의 이유로 수영장을 개방하지 않으니 낮 시간에 이용하자.

호이안 구시가지에서 약 700미터 떨어진 위치. 도보로 충분히 소화할 수 있는 가까운 거리다. 95개의 객실을 보유하고 있으며 모던하게 꾸몄다. 호이안 구시가지 근처의 가성비 좋은 숙소 중 하나. 객실의 종류는 디럭스와 시니어 디럭스, 이그제큐티브, 공항 교통편과 저녁 식사가 포함된 벨 메종 스위트 등이 있다. 높이가 다양해 어린이부터 성인까지 자유롭게 즐길 수 있는 넓은 수영장을 운영 중이나 오후 7시까지로 이용 시간이 짧은 편. 발이 닿지 않는 구간이 있으니 주의하도록! 안전 요원이 상주한다.

주소 538 Cửa Đại, Hội An **전화** 0235-3757-666 **홈피** www.bellemaisonhadana.com
체크인 14:00 **체크아웃** 11:00 **지도** MAP BOOK 13ⓖ

✗ **RESTAURANT**

라이스 레스토랑 | 1층의 메인 레스토랑. 베트남 요리와 아시아 음식, 서양식을 낸다.
하다나 바 | 칵테일, 와인 등을 마실 수 있는 캐주얼한 분위기의 바.

호이안 실크 마리나 리조트 & 스파
Hoi An Silk Marina Resort & Spa

★ ★ ★ ★

SPECIAL
1 호이안 구시가지와 가까운 위치
2 안방 비치행 셔틀버스 무료 운행
3 저녁 10시까지 이용 가능한 수영장
4 평화로운 강이 보이는 전망

COMMENT
강변에 위치한 호텔로 산책하기 좋다.

호이안 구시가지의 랜드마크 건축물인 내원교, 호이안 야시장까지 걸어서 금방이다. 투본강이 호텔 앞을 유유히 흐른다. 객실은 크게 디럭스, 패밀리, 스위트로 구분된다. 평화로운 강의 풍경 또는 수영장이나 정원 전망 중 선택 가능. 강과 마주하는 수영장은 저녁 10시까지 운영해 낮과 밤 모두 느긋하게 즐길 수 있다. 1일 3회 안방 비치행 셔틀버스를 무료로 운행한다. 위치, 가격, 청결, 친절 등에서 두루 좋은 평가를 받고 있는 호텔.

주소 74 Đường 18 Tháng 8, Hội An 전화 0235-3938-888 홈피 www.hoiansilkmarina. com 체크인 14:00 체크아웃 12:00 지도 MAP BOOK 12ⓔ

✖ RESTAURANT
투본 레스토랑 | 정원이 내다보이는 레스토랑.
풀 바 | 수영장 옆에 위치한 바. 칵테일과 가벼운 스낵을 판다.

빅토리아 호이안 비치 리조트 & 스파

Victoria Hoi An Beach Resort & Spa

★ ★ ★ ★

SPECIAL

1 투본강 또는 바다 전망의 객실
2 구시가지행 셔틀버스 무료 운행
3 다채로운 야외 액티비티 유료 운영

COMMENT

서비스에 대한 의견이 분분하다. 친절한 직원을 만났다는 사람이 있는 반면, 서비스를 문제 삼는 사람도 적지 않다.

나무로 된 바닥, 따듯한 색조로 꾸민 방. 앤티크한 느낌을 살렸다. 호이안의 여느 호텔들에 비하면 상대적으로 유럽, 영어권 숙박객이 많은 편. 끄어다이 비치와 닿아 있는 4성급 호텔로 바다 전망과 투본강 전망 중 선택할 수 있다. 호이안 구시가지와 좀 떨어진 위치지만 셔틀버스를 무료로 운행해 크게 불편하지 않다. 하이반 패스와 랑꼬 해변, 전형적인 농촌 마을인 짜꿰 빌리지 등으로의 야외 체험 프로그램을 유료로 운영한다.

주소 Âu Cơ, Cửa Đại, Hội An 전화 0235-3927-040 홈피 www.victoriahotels.asia 체크인 14:00 체크아웃 12:00 지도 MAP BOOK 17ⓕ

✗ **RESTAURANT**

안남 레스토랑 | 고풍스럽게 꾸민 메인 레스토랑. 베트남식부터 서양식까지 다채로운 메뉴.

파이포 바 | 끄어다이 비치가 내려다보이는 수영장 옆 바.

라루나 호이안
리버사이드 호텔 & 스파
Laluna Hoi An Riverside Hotel & Spa
★ ★ ★ ★

SPECIAL
1️⃣ 호이안 구시가지와 가까운 거리
2️⃣ 안방 비치행 셔틀버스 무료 운행

COMMENT
서비스와 친절. 저렴한 숙박 요금까지 모두 합격점.

호이안 구시가지 근처에 위치한 무난한 호텔 라루나 호이안 리버사이드 호텔 & 스파. 현대적인 인테리어에 고풍스러운 소품을 더했다. 총 객실 수는 70여 개. 객실 타입은 슈페리어 룸. 디럭스 룸. 스위트 룸 등이 있다. 내원교, 호이안 야시장과의 거리가 550미터 정도로 가깝다. 작은 규모지만 수영장과 피트니스 시설도 있다. 안방 비치로 향하는 셔틀버스를 무료로 운행한다. 가성비 괜찮은 숙소.

주소 12 Nguyễn Du, Hội An 전화 0235-3666-678 홈피 www.lalunahoian.com 체크인 14:00 체크아웃 12:00 지도 MAP BOOK 12Ⓔ

🍴 **RESTAURANT**
레스토랑 | 오전에는 아침 식사. 11시 이후로는 점심과 저녁 식사 영업.

젠 부티크 빌라 호이안
Zen Boutique Villa Hoi An
★ ★ ★

SPECIAL
1 목재를 적극 활용해 아늑한 느낌이
묻어나는 객실
2 명상 프로그램 운영
3 조용하고 평온한 분위기

총 객실 수가 9개뿐인 작은 호텔임에도 만족도가 높다. 전체적으로 모던함을 풍기며 흰색을 주로 사용해 깔끔하다. 발코니에서 논과 밭이 보이는 숙소. 더 없이 베트남다운 입지다. 군더더기 없는 심플한 인테리어. 목재를 적극 사용해 온화한 느낌이다. 욕조가 놓인 넓은 욕실을 갖춘 편안한 객실. 호이안 구시가지까지는 약 1킬로미터 거리인데 무료 대여 가능한 자전거를 이용해 움직여도 좋다. 조용하고 평온한 분위기.

주소 87 Lý Thường Kiệt, Hội An 전화 0235-3914-111 홈피 www.zenboutiquevillahoian.com 체크인 14:00 체크아웃 12:00 지도 MAP BOOK 13ⓖ

란타나 부티크 호텔 호이안
Lantana Boutique Hotel Hoi An
★ ★ ★ ★

SPECIAL
1 호이안 구시가지와 가까운 거리
2 안방 비치행 셔틀버스 무료 운행

베트남 여자들의 전통 의상인 아오자이를 입고 밝은 미소로 맞아 주는 직원들. 호이안 구시가지로 들어서는 입구까지 걸어서 3분 정도 걸린다. 블루톤의 객실은 앤티크 소품으로 하이라이트를 주었다. 지하에는 다양한 높이의 'ㄱ'자 모양 수영장과 조촐한 피트니스 시설이 있다. 투숙객에 한해 1일 3회 안방 비치까지 무료 픽업 서비스를 제공한다. 위치와 시설, 서비스, 조식, 숙박 요금 모두 만족!

주소 09 Thoại Ngọc Hầu, Hội An 전화 0235-3963-999 홈피 www.lantanahoian.com 체크인 14:00 체크아웃 12:00 지도 MAP BOOK 12ⓔ

호이안 리버타운 호텔
Hoi An River Town Hotel
★ ★ ★ ★

SPECIAL
1 안방 비치행 셔틀버스 무료 운행
2 2개의 넓은 야외 수영장

호이안 구시가지에서 멀지 않은 호텔. 내원교까지의 거리가 1.3킬로미터여서 걷기엔 멀지만, 구시가지를 거쳐 안방 비치로 가는 셔틀버스를 1일 4회 운행해 불편하지 않다. 건물 양옆으로 넓은 야외 수영장이 있어 물놀이하기 제격. 포근한 객실에서는 투본강이 보인다. 꼼꼼하고 친근하게 맞아주는 직원들의 서비스는 5성급 호텔 부럽지 않다. 구시가지 근처의 매력적인 호텔 중 하나. 가족 여행, 커플 여행, 우정 여행 모두에게 추천!

주소 26 Thoại Ngọc Hầu, Hội An **전화** 0235-3924-924 **홈피** www.rivertownhoian.com **체크인** 14:30 **체크아웃** 12:00 **지도** MAP BOOK 12ⓔ

리틀 호이안 부티크 호텔 & 스파
Little Hoi An Boutique Hotel & Spa
★ ★ ★ ★

SPECIAL
1 호이안 구시가지와 가까운 거리
2 안방 비치행 셔틀버스 무료 운행

호이안 구시가지를 돌아보기엔 최적의 위치. 호이안 야시장과의 거리가 400미터로 매우 가깝다. 예스럽게 꾸민 객실은 안락하다. 지하에 작은 피트니스 센터와 수영장도 운영 중이다. 호텔 내 마사지 숍도 영업 중이지만 마사지 실력이 좋지 않아 추천하지 않는다. 안방 비치행 셔틀버스를 무료로 운행해 편히 다녀올 수 있다. 리틀 호이안 그룹에서 운영하는 부티크 호텔로 같은 그룹에서 운영하는 라 레지덴시아 La Residencia도 추천.

주소 02 Thoại Ngọc Hầu, Hội An **전화** 0235-3869-999 **홈피** www.littlehoiangroup.com **체크인** 14:00 **체크아웃** 12:00 **지도** MAP BOOK 12ⓔ

코지 호이안 부티크 빌라
Cozy Hoi An Boutique Villas
★ ★ ★

SPECIAL
1️⃣ 호이안 구시가지와 가까운 거리
2️⃣ 부담 없는 숙박 요금

한적한 동네에 자리 잡은 사랑스러운 분위기의 부티크 호텔, 코지 호이안 부티크 빌라. 객실이 17개뿐인 작은 호텔이지만 덕분에 손님 한 사람, 한 사람을 정성스럽게 챙길 수 있다는 건 장점이다. 객실은 조용하고 편안하며 호이안의 특색을 담아 장식했다. 구시가지까지 걸을 만한 거리고 자전거 무료 대여도 가능하다. 3성급 호텔이어서 부담 없는 숙박 요금에 하룻밤을 해결할 수 있다.

📍주소 108/2 Đào Duy Từ, Hội An 📞전화 0235-3921-666 🌐홈피 www.cozyhoianvillas.com
🕐체크인 14:00 🕐체크아웃 12:00 🗺지도 MAP BOOK 12Ⓔ

아틀라스 호텔 호이안
Atlas Hotel Hoi An
★ ★ ★ ★

SPECIAL
1️⃣ 자연친화적인 느낌의 외관
2️⃣ 모던한 스타일의 깔끔한 객실
3️⃣ 호이안 구시가지와 가까운 거리

2016년 3월부터 영업해온 호텔이다. 오래되지 않아 시설이 깨끗하다. 건물 외벽이 녹색 나뭇잎으로 덮여 싱그럽다. 내부 디자인은 세련된 느낌이 짙다. 일부 객실은 반 좌식 형태. 좁은 방 크기와 취약한 방음은 아쉬운 점으로 꼽힌다. 수영장이 건물에 둘러싸인 구조여서 낮 시간에 이용해도 햇빛이 적당히 가려진다. 구시가지에서 멀지 않은 호텔을 찾고 있을 때 눈여겨볼 만하다.

📍주소 30 Đào Duy Từ,, Hội An 📞전화 0235-3666-222 🌐홈피 www.atlashoian.com 🕐체크인 14:00 🕐체크아웃 12:00 🗺지도 MAP BOOK 12Ⓔ

SIGHTSEEING RESTAURANT

PART 5

후에

H U Ế

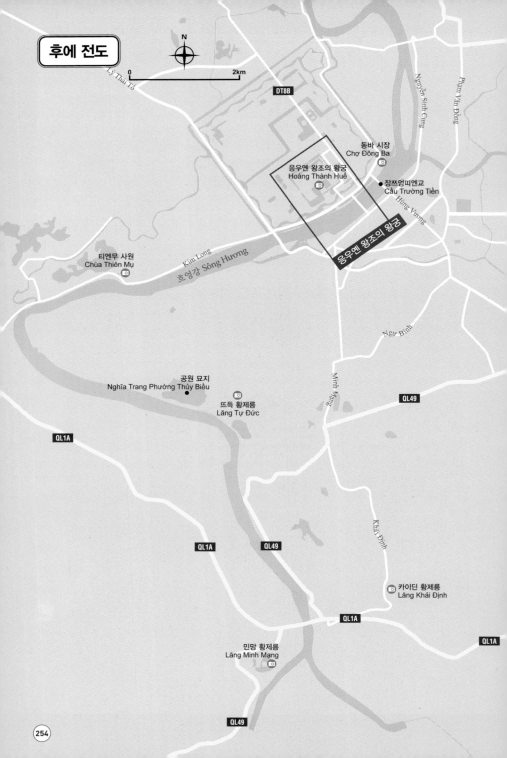

후에 전도

N

0   2km

Lý Thái Tổ

DT8B

Nguyễn Sinh Cung

Phạm Văn Đồng

동바 시장
Chợ Đông Ba

응우옌 왕조의 왕궁
Hoàng Thành Huế

장쯔엉띠엔교
Cầu Trường Tiền

Hùng Vương

응우옌 왕조의 왕궁

Kim Long

흐엉강 Sông Hương

티엔무 사원
Chùa Thiên Mụ

Ngự Bình

공원 묘지
Nghĩa Trang Phường Thủy Biểu

Minh Mạng

QL49

뜨득 황제릉
Lăng Tự Đức

QL1A

QL1A

QL49

Khải Định

카이딘 황제릉
Lăng Khải Định

QL1A

QL1A

민망 황제릉
Lăng Minh Mạng

QL49

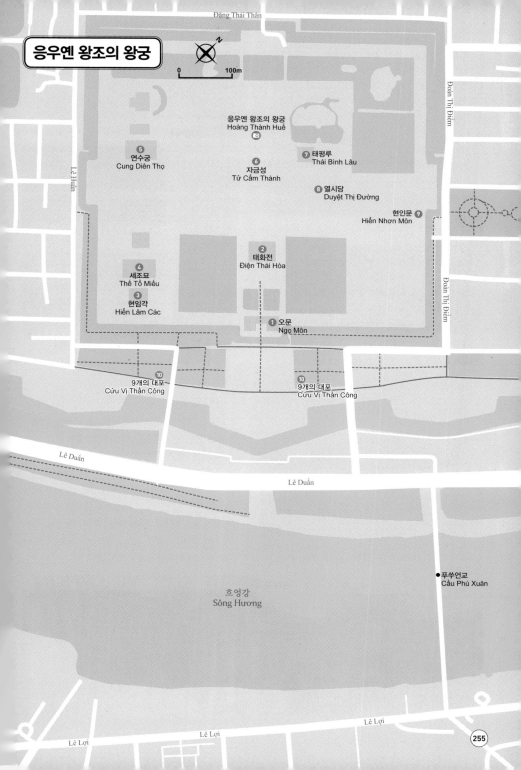

응우옌 왕조의 왕궁

0 100m

Đặng Thái Thân

Đoàn Thị Điểm

응우옌 왕조의 왕궁
Hoàng Thành Huế ⑥

⑤ 연수궁
Cung Diên Thọ

⑥ 자금성
Tử Cẩm Thành

⑦ 태평루
Thái Bình Lâu

⑧ 열시당
Duyệt Thị Đường

현인문 ⑨
Hiển Nhơn Môn

Lê Huân

Đoàn Thị Điểm

② 태화전
Điện Thái Hòa

④ 세조묘
Thế Tổ Miếu

③ 현임각
Hiển Lâm Các

① 오문
Ngọ Môn

⑩ 9개의 대포
Cửu Vị Thần Công

⑩ 9개의 대포
Cửu Vị Thần Công

Lê Duẩn

Lê Duẩn

푸쑤언교
Cầu Phú Xuân

흐엉강
Sông Hương

Lê Lợi

Lê Lợi

Lê Lợi

SPECIAL

—

알고 가면 더 재밌는 후에

Hué

후에는 하노이에서 남쪽으로 660킬로미터, 다낭에서 북쪽으로 100킬로미터, 호치민에서 1,060킬로미터 떨어져 있는 베트남 중부의 도시다. 베트남이 통일되었던 1802년부터 1945년까지 응우옌 왕조의 수도였다. 베트남 역사상 마지막 왕조였던 응우옌 왕조의 143년의 역사가 서려 있는 곳. 응우옌 왕조의 첫 통치자였던 쟈롱 Gia Long 황제가 중앙에 위치하면서 침입으로부터 안전하게 여겨지는 지역 푸 쑤언 Phú Xuân, 지금의 후에 Hué를 도읍으로 정했다.

정치, 문화, 종교적 중심지로 수많은 건축물이 지어졌다. 왕궁, 요새, 사원, 응우옌 왕조를 이끌었던 왕들의 무덤 등 유형 문화유산이 남아 있다. 음식, 음악과 예술, 전통 축제 등의 무형 문화유산의 가치도 인정받아 1993년 후에 기념물 복합지구 Complex of Hué Monuments로 유네스코 세계문화유산에 등재됐다.

19세기 초 절정에 이르렀지만, 현재는 자취를 감춘 베트남 봉건 제국의 힘을 엿볼 수 있다. 프랑스 세력에 의해 1860년대부터 힘을 잃기 시작, 1880년에 이르러서는 완전히 주권을 빼앗기며 결국 프랑스의 식민지가 되었다. 1949년 7월 새로 수립된 베트남공화국이 수도를 호치민으로 정하면서 후에는 나날이 쇠퇴했다. 1946년부터 수년간은 인도차이나 전쟁으로 피해를 입었고, 1968년 베트남 전쟁 때는 공습으로 많은 것들이 파괴됐다.

후에 여행하는 법

1 택시 또는 그랩을 대절하는 개별 여행

다낭 시내에서 북쪽으로 100킬로미터 떨어진 데 있다. 차로 이동하면 약 2시간 10분 소요. 택시 또는 그랩 기사들과 왕복 요금을 협의해 차량을 대절한다. 응우옌 왕조의 왕궁과 티엔무 사원, 민망 황제릉, 뜨득 황제릉, 카이딘 황제릉 등을 돌아보는 하루 코스임을 알리자.

알아두세요

❶ 모자와 선크림은 무조건, 양산 등을 가져가면 유용하다. 시원한 물 한 병도 가방에 쏙!

❷ 노약자 또는 어린이 동반 시에는 왕궁 내 모든 걸 훑는 것보다 주요 건축물 위주로 돌아보는 게 낫다.

❸ 황제릉 중에서는 사치스러운 무덤인 카이딘 황제릉이 가장 볼만하다.

❹ 응우옌 왕조의 왕궁 안을 빠르게 돌고 싶다면 7인승 전기 자동차를 타는 것도 방법. 극히 일부만 둘러볼 생각이거나 인원이 적다면 이용을 고민해볼 필요가 있다. 왕궁 주차장에서 대여 가능.

2 여행사를 통한 일일투어 프로그램

여행사를 통한 그룹 조인 투어를 이용해 후에에 다녀올 수 있다. 영어 가이드가 함께하며 유적지에 대한 설명을 해준다. 일일투어 프로그램에는 다낭과 후에 간의 왕복 교통편과 후에 시내 교통편, 간단한 점심, 입장료 등이 포함된다. 투어 업체에 따라 유람선 탑승, 동바 시장 방문 등의 코스 추가. 다낭 시내에서 후에까지 오가는 시간이 적지 않아 10시간 이상 소요된다. 요금은 3~4만 원대. 개별 가이드가 붙는 2인, 3~4인, 5인 이상의 프라이빗 투어도 있지만 가격대가 만만치 않다.

SPECIAL

—

후에 하루 여행 추천 코스

❶ 응우옌 왕조의 왕궁

> ① 오문

> ② 태화전

> ③ 현임각

④ 세조묘

> ⑤ 연수궁

> ⑥ 자금성

> ⑦ 태평루

❷ 티엔무 사원

> ❸ 뜨뜩 황제릉

> ❹ 카이딘 황제릉

> ❺ 민망 황제릉

✕ RESTAURANT | 점심은 어디서 먹지? 후에 맛집

꽌 한 후에
Quán Hạnh Huế

후에의 전통 음식을 모아 세트로 내놓
는다. 다양한 후에의 명물 음식을 한방
에 맛보고 싶다면 여기로!

주소 11 Phó Đức Chính, Thừa Thiên
Huế 전화 0234-3833-552

니나스 카페
Nina's Cafe

가정집 스타일의 수수한 레스토랑. 분
보후에, 넴루이 등 후에 간판 요리뿐
아니라 베트남 가정식도 두루 낸다.

주소 16/34 Nguyễn Tri Phương, Thừa
Thiên Huế 전화 0234-3838-636

🔍 알아두세요!

❶ 대다수의 후에 볼거리는 해 질
무렵에 문을 닫는다. 다낭에서 가
능한 빨리 출발해야 시간을 벌 수
있다.

❷ 응우옌 왕조의 왕궁으로 들어갈
때는 매표소가 가까운 오문, 나갈
때는 후문인 현인문을 이용한다.

❸ 시간, 체력 등의 이유로 황제릉
을 골라서 방문해야 한다면, 화려
함을 자랑하는 카이딘 황제릉이
좋다.

[O] SIGHTSEEING

응우옌 왕조의 왕궁
Hoàng Thành Huế

후에 중심부를 흐르는 흐엉 강변에 자리 잡고 있다. 1800년대 초에 지어져 1945년까지 응우옌 왕조의 황제들이 머물던 궁으로 쓰였다. 단단한 돌로 쌓아 올린 두툼한 성벽에 둘러싸였다. 왕궁으로 드나드는 문은 4개. 매표소에서 이어지는 출입구인 오문을 통해 성안으로 들어가면 태화전을 시작으로 왕궁의 볼거리가 펼쳐진다. 중국 베이징의 자금성에 비할 만한 규모는 아니지만 닮은 구석이 있다. 인도차이나 전쟁, 베트남 전쟁 등을 거치며 많은 부분 훼손되었지만 건물 곳곳에 남아 있는 섬세한 조각들이 오래전의 화려한 모습을 짐작케 한다. 매우 더딘 속도지만 복원 공사를 진행하고 있다.

위치 티엔무 사원에서 차로 7분 **주소** Thành phố Huế, Thừa Thiên Huế **오픈** 여름 06:30~17:30, 겨울 07:00~17:00 **요금** 15만 동(황제릉을 함께 둘러볼 수 있는 티켓도 판매) **전화** 0234-3523-237 **홈피** www.hueworldheritage.org.vn **지도** MAP BOOK 19⑭

ZOOM IN
—
응우옌 왕조의 왕궁 핵심 볼거리

오문
Ngọ Môn 午門

왕궁으로 드나드는 4개의 문 가운데 가장 큰 문이다. 중국 자금성의 오문과 비슷한 외관을 가졌으며, 1833년에 지어졌다. 오문에는 5개의 출입문이 있는데, 가운데 3개는 황제와 관료들만 오갈 수 있었다. 정중앙에 위치한 문은 오직 왕만 드나들었다고. 황제의 상징인 노란색 기와를 얹은 모습. 이곳에서 응우옌 왕조의 중요한 행사를 종종 치렀다. 역사적으로도 의미 있는 장소다. 1945년 8월, 응우옌 왕조의 마지막 황제인 바오다이 Bảo Đại 황제가 권력을 놓으며 퇴위식을 했다. 지금은 매표소 옆 출입구여서 검표소 역할을 한다.

9개의 대포
Cửu Vị Thần Công

1803년에 만든 거대한 청동 대포. 이 무렵 베트남 사람들의 청동 다루는 솜씨를 엿볼 수 있다. 총 9개로 길이가 약 5미터, 무게는 10톤 이상이다. 오른쪽에 5개, 왼쪽에 4개가 놓였다. 4개의 대포는 사계절을, 5개의 대포는 오행을 의미한다. 숫자 9는 베트남인이 좋아해 특별하게 여기는 숫자.

태화전
Điện Thái Hòa 太和殿

왕궁에서 가장 중요한 건축물로 꼽힌다. 베트남 응우옌 왕조 제1대 황제인 자롱 황제 시절, 1805년 2월 착공해 10월에 완공되었지만 전쟁으로 일부 망가졌다가 여러 왕들을 거치며 복원 작업이 이루어졌다. 중국 베이징의 자금성을 본떠 지었다. 금박과 옻칠로 장식된 화려한 건축물. 황제의 위엄을 나타내는 용이 옥좌, 용마루 등 곳곳에 조각돼 있다. 대관식, 왕가 식구들의 생일 같은 기념일 잔치를 태화전에서 벌였다. 대신 접견도 이곳에서 이루어졌다. 80개의 붉은 기둥이 지붕을 받치고 있다.

자금성
Tử Cấm Thành 紫禁城

왕과 그의 아내들이 머물렀던 일상의 공간이다. 외부인의 출입이 엄격하게 금지돼 있던 구역. 침실과 식당, 황제의 집무실, 휴식을 위한 공간 등 모든 생활 시설을 갖추고 있었다. 하지만 베트남 전쟁 중 미군의 무차별 폭격으로 인해 건물 대부분이 사라지고 터만 덩그러니 남았다.

열시당
Duyệt Thị Đường 閱是堂

1826년 민망 황제가 통치하던 때 지은 극장. 유네스코 무형문화유산으로 지정된 베트남 전통 아악 냐냑 Nhã Nhạc과 궁중 무용 등의 공연을 무대에 올렸다. 신년이나 기념일, 외교 사절 환영 등 특별한 날 흥겨운 음악이 울려 퍼지던 장소. 왕은 2층에서 공연을 관람했다. 후에 전통예술 극장으로 거듭나 공연장으로 이용 중. 1일 2회 유료 공연을 펼친다.

태평루
Thái Bình Lâu 太平樓

왕이 책을 읽거나 휴식을 취하던 공간으로 쓰였던 태평루. 연못이 내려다보이는 아름다운 건축물이다. 잘게 쪼갠 도자기를 활용해 모자이크 기법으로 모양을 냈다. 정교한 기술.

연수궁
Cung Diên Thọ 延壽宮

1804년 자롱 황제가 어머니를 모시기 위해 지은 궁전. 아기자기하고 화려한 색감의 장식들이 여성미를 뽐낸다. 꽃과 열매, 물고기 등 자연을 소재 삼아 꾸몄다. 햇빛에 노출되면 은은하게 빛나는 도자기 장식이 동양 특유의 멋을 풍긴다. 정자와 연못을 만들어 조경도 한껏 신경 쓴 모습. 미적 측면에서 높은 가치를 지닌 건축물.

현임각
Hiển Lâm Các 顯臨閣

민망 황제 통치 기간에 완공됐다. 응우옌 왕조의 왕들을 기리기 위해 지었다. 3층 구조. 요즘 짓는 현대적인 건물에 비하면 그리 높지 않음에도 왕궁에서 가장 높은 건축물로 꼽힌다. 황제들이 때때로 이곳에 찾아와 선조의 명복을 빌곤 했다. 현임각 앞에는 황제의 통치권을 상징하는 9개의 청동 정 (Cửu Đỉnh, 다리가 3개이고 손잡이가 2개 달린 솥의 일종)이 있다. 국가의 부와 영원한 통치의 꿈을 상징한다.

세조묘
Thế Tổ Miếu 世祖廟

길쭉한 단층 건물이다. 건물 길이가 54.6미터, 면적은 1,500제곱미터에 달한다. 응우옌 왕조의 역대 왕들의 신위를 모셨다. 촛대와 향로, 술이 담긴 주전자가 놓여 있고 황제의 초상이 걸렸다. 1958년 이전에는 자롱 황제, 민망 황제, 뜨득 황제, 카이딘 황제 등 일부 황제들만 모시다가 현재는 폐위된 2명의 황제와 바오다이 황제를 제외한 나머지 왕들도 모신다. 엄숙한 분위기.

티엔무 사원
Chùa Thiên Mụ

응우옌 왕조의 왕궁에서 4킬로미터쯤 떨어진 흐엉 강변. 언덕에 자리 잡아 강줄기가 내려다보인다. 응우옌 왕조의 선조 응우옌 호앙 Nguyễn Hoàng이 1601년에 건립했다. 처음에는 간단한 구조로 지었다가 추후 확장하고 재정비하며 점차 덩치가 커졌다. 투언 호아 Thuận Hòa 지역을 통치하기 위해 파견된 그는 나라의 번영을 위해 사원을 지으라는 티엔무(하늘에서 내려온 여인)의 예언을 받들어 이곳에 사원을 세웠다.

티엔무 사원의 간판 볼거리는 7층 높이의 8각 구조 석탑인 복연탑 Tháp Phước Duyên이다. 높이가 21미터를 훌쩍 넘긴다. 1844년, 응우옌 왕조의 제3대 황제인 티에우찌 Thiệu Trị 시대에 지었다. 각 단에는 불상을 모셨다. 탑의 한쪽에는 장수를 뜻하는 거북이 있다. 티엔무 사원의 역사를 기록한 묵직한 비석이 얹힌 모습. 다른 한쪽에는 2톤이 넘는 거대한 종이 놓여 있는데, 이 종을 치면 10킬로미터 거리까지 울려 퍼져 멀리서도 종소리가 들린다고.

본당 뒤편에는 하늘색을 띠는 자동차를 전시한다. 여기 얽힌 역사가 있다. 1963년, 베트남 전쟁 당시 이곳에 살았던 틱꽝득 Thích Quảng Đức 스님. 이 차를 타고 호치민까지 이동 후 정부의 불교 탄압 정책에 항의하며 미국 대사관 앞에서 분신자살했다. 휘발유를 온몸에 끼얹어 불이 붙었는데도 불길 속에서 미동 없이 가부좌를 튼 장면이 AP통신 기자 말콤 브라운의 카메라에 포착됐다. '불타는 승려'라는 이름으로 알려진 이 사진은 퓰리처상을 수상했다.

위치 왕궁에서 차로 7분 **주소** Hương Hòa, Thừa Thiên Huế **오픈** 08:00~17:00 **전화** 0234-3523-237 **홈피** www.hueworldheritage. org.vn **지도** MAP BOOK 18ⓒ

민망 황제릉
Lăng Minh Mạng

응우옌 왕조의 두 번째 통치자인 민망 황제. 재위 기간은 1820년부터 1841년까지다. 중국의 영향을 받아 강력한 중앙 집권체제로의 전환을 추구했다. 대외적으로는 국경이 인접한 캄보디아, 라오스를 침략하며 팽창 정책을 폈다. 민망 황제릉은 죽기 전인 1840년부터 무덤 건설을 시작했고 1841년 1월 사망했다. 뒤이어 왕위에 오른 티에우찌 황제가 무덤 건설 작업을 이어받았고 1843년에 완성했다.

응우옌 왕조의 왕궁에서 12킬로미터, 차로 20여 분 떨어진 산속에 위치한다. 공덕비와 사당, 무덤 등 40여 개의 구조물이 일직선으로 놓인 구조. 양쪽이 균형을 이루는 대칭이다. 소나무와 반달 모양의 호수 등 자연과 건축물이 조화롭게 어우러진다.

황제의 공덕비가 세워진 정자에는 민망 황제의 업적을 빼곡하게 적은 비석을 두었다. 아래쪽에는 다양한 형태의 문무석이 늘어서 있다. 대흥문 Đại Hồng Môn은 무덤으로 들어가는 주요 출입구. 너비가 12미터, 높이가 9미터, 입구가 셋이다. 용, 잉어, 연꽃과 모란 등으로 장식돼 있다. 응우옌 왕조의 불멸을 상징하는 빨간색으로 칠했다. 가운데 문은 황제의 시신을 무덤으로 가져갈 때 단 한 번만 열렸다고 한다.

민망 황제릉 초입의 작은 상점에서는 78명의 왕자, 64명의 공주를 낳은 민망 황제가 즐겨 마셨다는 후에 전통 보양주 민망탕을 판매한다. 주재료는 인삼.

위치 왕궁에서 차로 15분 **주소** Thủy Xuân, Thừa Thiên Huế **오픈** 07:00~17:30 **요금** 10만 동 **전화** 0234-3523-237 **홈피** www.hueworldheritage.org.vn **지도** MAP BOOK 18ⒻⒻ

뜨득 황제릉
Lăng Tự Đức

뜨득 황제는 응우옌 왕조의 4대 황제다. 1883년까지 36년간, 응우옌 황제들 가운데 가장 오랜 기간 통치했던 왕이다. 재위 기간이었던 1864년부터 약 3년이 걸렸고 무려 3천 명의 인원을 투입해 완성했다. 반전은 무덤이 완성되고도 16년을 더 살았다는 점. 대규모 편찬 사업이 그의 치하에서 완성되었다. 중국 왕조의 실록을 모방한 응우옌 왕조 실록 〈대남식록〉, 베트남의 지리와 풍물을 담은 〈대남일통지〉 등이 간행된 게 최대 업적으로 여겨진다.

뜨득 황제릉은 풍수지리를 고려해 배산임수의 장소를 골랐다. 무덤이 완성된 뒤에는 별장처럼 드나들며 뱃놀이를 하거나 독서 또는 시를 썼고 연회도 즐겼다. 수만 평에 이르는 뜨득 황제릉은 마치 커다란 공원 같다. 정자가 자리 잡은 연못이 있고 나무가 무성하며 길이 잘 닦여 있어 차분하게 걷기 좋다. 약 50여 개의 건축물이 있으나, 도굴을 우려해 아무도 모르는 비밀 장소에 새로운 무덤을 지었다는 설이 유력하다. 도굴을 막기 위해 실제 황제릉 건설에 참여했던 인부들이 처형당했다는 이야기가 전해진다. 이 때문에 실제 뜨득 황제의 유골이 어디에 묻혀 있는지는 명확하지 않다.

100명이 넘는 후궁을 거느렸지만 후사가 없어 자신의 공덕비를 직접 썼다. 4,935 단어로 이루어진 전문은 삶과 업, 위기와 질병 등에 대한 서술. 약 200톤, 베트남에서 가장 큰 공덕비로 꼽힌다.

위치 왕궁에서 차로 15분 **주소** Thủy Xuân, Thừa Thiên Huế **오픈** 07:00~17:30 **요금** 10만 동 **전화** 0234-3523-237 **홈피** www.hueworldheritage.org.vn **지도** MAP BOOK 18ⓒ

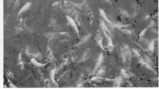

카이딘 황제릉
Lăng Khải Định

카이딘 황제는 응우옌 왕조의 12번째 왕이다. 프랑스 식민지 시절, 친 프랑스 정책을 펴며 프랑스 정부의 꼭두각시 노릇을 해 무능함의 극치를 보여줬다. 나라를 돌보는 데는 영 관심이 없었고 사치스러운 생활을 즐겼으며 죽기 전에는 아편에 찌들어 지냈다. 응우옌 왕조 후기에 해당하는 1916년부터 1925년까지 통치했다. 재위 기간이었던 1920년에 무덤 건설을 시작해 1931년까지 무려 11년 동안이나 공사가 계속되었다.

콘크리트로 지은 웅장한 무덤은 역대 왕들의 무덤과 확연히 다른 스타일. 동양과 서양뿐 아니라 고대와 현대까지 아우르는 다양한 건축 양식이 녹아 있다. 프랑스에서는 강철, 시멘트, 타일 등을 가져오게 했고, 일본과 중국에서 도자기를 사 오기도 했다. 자신의 무덤 건설을 위해 국고를 탕진한 것도 모자라 세금을 30%나 인상하는 만행을 저질렀다. 카이딘 황제의 욕망이 고스란히 담긴 무덤.

장인들의 숙련된 기술 덕분에 카이딘 황제릉은 독창적이고 뛰어난 예술 작품이 되었다. 127개의 계단을 올라가야 무덤이 나온다. 카이딘 황제의 청동상은 프랑스인에게 의뢰해 만든 뒤 공수한 것이다. 다른 황제들은 도굴 방지를 위해 가묘를 두고 실제 유골은 다른 곳에 안치하는 경우가 많았는데, 카이딘 황제의 유골은 청동상 아래 깊은 지하에 있다. 황제릉 앞마당에는 무관과 문관, 코끼리 등의 석상들이 버틴다.

위치 왕궁에서 차로 20분 주소 Thủy Bằng, Thừa Thiên Huế 오픈 07:00~17:30 요금 10만 동 전화 0234-3523-237 홈피 www.hueworldheritage.org.vn 지도 MAP BOOK 18Ⓕ

PART 6
여행 준비
PREPARATION

＼ 여권 발급 ／

다른 건 몰라도 이게 없으면 출 · 입국이 곤란하다. 바로 여권!
외국에서 나의 신분을 증명하는 신분증이므로 반드시 발급받아야 한다.

여권 발급처

발급 대상은 대한민국 국적을 보유하고 있는 국민. 가까운 구청이나 시청의 여권과에서 신청하면 된다. 서울특별시청은 여권 업무를 수행하지 않으니 구청 내 민원여권과로 가야 한다.

외교부 여권 안내 홈페이지 www.passport.go.kr

여권 발급 준비물

- ☑ 여권 발급 신청서
- ☑ 여권용 사진 1매
- ☑ 신분증
- ☑ 수수료 2만~5만3천 원
- ☑ 병역 관계 서류(병역 의무 대상 남자)
- ☑ 법정대리인 인감증명서(미성년자)

여권 사진 규정

- ☑ 가로 3.5cm, 세로 4.5cm 규격
- ☑ 상반신 정면 사진
- ☑ 정수리부터 턱까지의 길이 3.2~3.6cm
- ☑ 6개월 이내 촬영된 사진
- ☑ 모자 착용 불가

여권의 유효기간

베트남 입국을 위해서는 여권의 유효기간이 6개월 이상 남아 있어야 한다. 이보다 짧게 남아 있다면 곤란하다. 반드시 방문 전 유효기간을 체크하자.

여권 재발급

여권 유효기간 만료 이전에 여권 수록 정보 변경, 분실, 훼손, 사증란 부족 등의 이유로 새롭게 여권을 발급받아야 한다면 여권 재발급 신청.

여행 중 여권 분실

다낭에 머무는 교민, 여행자가 꾸준히 늘면서 대사관, 영사관 추진에 관한 이야기가 모락모락 피어나고 있다. 하지만 현재는 없는 상황. 여권을 잃어버리면 상당히 피곤해진다. 다낭이나 호이안 여행 중 여권을 잃어버리면 대사관이 있는 하노이 또는 영사관이 있는 호치민으로 움직여 처리해야 한다. 만약을 대비해 여권 사본을 넣어두는 게 바람직하다.

주 베트남 대한민국 대사관 +84-24-3771-0404
주 호치민 대한민국 총영사관 +84-28-3824-2639

\ 항공권 예약 /

여행을 가기로 마음먹었다면 항공권부터 서둘러 예약하자.
다낭은 탑승률 90%를 넘기는 인기 여행지. 가능하면 서두르는 게 좋다.

다낭으로 가는 항공편

대한항공, 아시아나항공 등의 국적기는 물론이고 제주항공, 에어서울, 진에어, 이스타항공, 티웨이항공, 비엣젯항공 등 저비용 항공사도 다낭행 직항편을 운항한다. 베트남항공, 에어마카오, 캐세이퍼시픽, 홍콩익스프레스, 중국동방항공, 싱가포르항공, 타이항공 등은 홍콩, 마카오, 방콕, 싱가포르 등 아시아의 주요 도시를 거치는 경유편을 운항하고 있다.

항공권 가격

같은 비행기, 옆자리에 앉은 승객이어도 항공권 구매 가격은 천차만별. 예약 시기와 여행 날짜, 예약률 등에 따라 항공권 가격이 크게 달라진다. 다낭 항공권은 비수기 기준 20만 원대부터 시작. 여름휴가와 명절을 낀 연휴에는 천장이 뚫린 듯 요금이 치솟는다.

항공권 싸게 사는 법

☑ 저가항공 이벤트
여름휴가, 수능, 명절, 공휴일을 낀 연휴 등 특별한 시즌을 겨냥해 내놓는 할인 항공권을 노리자.

☑ 초특가 빅 프로모션
진에어의 진마켓, 제주항공의 찜특가 등 1년에 두 번씩 진행하는 빅 프로모션도 유용하다. 엄청난 접속자로 서버가 마비될 만큼 많은 사람이 몰리는 이유! 이때 거의 전 노선에 걸쳐 초특가 항공권이 풀린다. 일단 도전! 쉼 없는 클릭은 무조건이다. 성수기보다 비수기, 주말보다 평일일 때 초특가 항공권을 건질 확률이 높다.

☑ 얼리버드 항공권
서너 달 뒤에 출발하는 일정의 항공권을 저렴한 값에 내놓는다. 단, 예매 조건을 꼼꼼히 살펴야 한다.

항공권 구매 시 반드시 확인할 것!

☑ 항공권 구매 시 기입한 영문 이름과 여권의 영문 이름이 일치해야 한다. 동일하지 않으면 탑승이 거부될 수 있다.

☑ 특가 운임의 경우 일정 변경, 환불, 수화물 조건이 일반 운임과 다르다. 특히 수화물 조건을 꼼꼼히 체크해야 한다. 위탁 수하물이 유료인 경우가 대부분.

항공권 예약 시 유용한 앱

☑ 스카이스캐너
전 세계 수많은 항공사와 여행사가 내놓는 다양한 가격 조건의 항공권을 한눈에 보여준다. 출발지와 목적지, 일정을 입력하면 해당 조건의 항공권이 쏟아진다. 저렴한 항공권을 찾는 건 시간 문제.
www.skyscanner.co.kr

☑ 플레이윙즈
저가항공 이벤트, 초특가 빅 프로모션, 얼리버드 항공권 등 일일이 찾아보기 힘든 항공사의 특가 정보를 알려주는 앱. 설치해두면 알림 정보가 수시로 날아온다.
www.playwings.co.kr

＼ 숙소 예약 ／

근사한 5성급 리조트, 가성비 좋은 3~4성급 호텔, 호스텔, 에어비앤비까지!
선택의 폭이 넓다. 등급에 따라 요금이 천차만별이니 예산에 맞춰 고르자.

숙소의 종류

5성급 리조트

예산이 넉넉하다면 해변에 위치한 5성급 리조트에서 호
사를 누려보면 어떨까. 친절한 서비스와 빵빵한 부대시
설로 승부한다. 대부분 200달러 이상, 400달러를 넘기
는 곳도 수두룩하다. 아늑한 객실과 넓은 수영장, 럭셔리
한 시설의 스파 등을 갖췄다. 리조트 내 레스토랑과 카
페, 바 등이 있어 숙소에만 머물러도 행복감 100% 보장.
7세 이하의 어린이와 함께하는 여행이라면 관광보다 휴
식에 초점을 맞추는 게 낫다. 과감히 리조트 숙박에 투
자하자. 규모가 큰 리조트는 대부분 해변에 위치한다. 인
터컨티넨탈 다낭 선 페닌슐라 리조트, 퓨전 마이아 다낭,
반얀트리 랑꼬, 쉐라톤 그랜드 다낭 리조트, 푸라마 리조
트 다낭, 하얏트 리젠시 다낭 리조트 & 스파, 나만 리트
리트 등이 대표적.

5성급 · 반얀트리 랑꼬

5성급 · 센타이즈 프리미엄 리조트 호이안

5성급 · 푸라마 리조트 다낭

3~4성급 호텔

가장 흔한 숙박 시설. 3~4성급 호텔은 가격이 저렴해
만족도가 높다. 3성급 호텔은 약 30~70달러, 4성급 호
텔은 약 50~100달러 수준이다. 크든 작든 수영장이 있
는 경우가 대부분. 일반적으로 조식 뷔페가 요금에 포함
돼 있다.

호스텔

주머니 가벼운 여행자에게 적합한 숙소. 혼자 장기간 배
낭여행 중이거나 예산이 부족할 때 고려해볼 만한 숙박
형태다. 여럿이 한 방에 묵는 도미토리 형태로 운영한다.
호텔에 비하면 부담 없는 가격이다. 1만 원 이내로 1박
해결.

에어비앤비

전 세계 3억 명이 이용하는 숙박 공유 사이트 에어비앤
비. 수가 많지 않지만 다낭에도 에어비앤비로 빌릴 수 있
는 집이 있다. 방 한 칸 또는 집 전체를 선택해 대여 가
능. 적은 예산으로 여럿이 한 공간에 머물고 싶을 때 유
용하다. 주방 시설이 딸려 있어 간단히 요리를 해먹을 수
있다. 숙소 예약 전 이미 다녀간 사람들이 남긴 후기를
꼼꼼히 훑어 장단점을 파악하자.

숙소 예약 사이트

☑ 익스피디아 www.expedia.co.kr
☑ 트리바고 www.trivago.co.kr
☑ 아고다 www.agoda.com
☑ 부킹닷컴 www.booking.com
☑ 호텔스닷컴 www.hotels.com
☑ 호텔스컴바인 www.hotelscombined.co.kr

＼ 면세점 쇼핑 ／

면세점 쇼핑은 오로지 해외로 나가는 여행자들만 누릴 수 있는 특권.
쇼핑만 알뜰하게 잘 해도 여행 경비 아끼는 효과를 누릴 수 있다.

시내 면세점

직접 방문해 물건을 보고 살 수 있다는 게 장점. 출국 당일 시간에 쫓기며 허겁지겁 면세점을 뛰어다니는 대신 느긋하고 쾌적한 환경에서 면세 쇼핑을 즐길 수 있다. 시내 면세점에서만 제공하는 특별 혜택도 있으니 눈여겨볼 것.

공항 면세점

공항 출국 심사 후 면세 구역에서 쇼핑한다. 출국 직전에 쇼핑하는 거라 따로 시간을 내지 않아도 된다는 점은 좋지만, 시내 면세점에 비해 품목이 한정적. 할인 혜택도 많지 않다. 입점 브랜드 검색은 인천국제공항 홈페이지에서.
인천국제공항 www.airport.kr

인터넷 면세점

인터넷 면세점 홈페이지 또는 앱을 통해 간편하게 구매한다. 출국 당일 공항 내 면세품 인도장에서 수령하면 된다. 취급 품목이 방대하며 각종 할인 쿠폰이 적용돼 더욱 알뜰하게 쇼핑 가능.
롯데인터넷면세점 www.lottedfs.com
신라인터넷면세점 www.shilladfs.com
신세계인터넷면세점 www.ssgdfm.com

기내 면세점

항공사에서 제공하는 서비스. 비행기 좌석 앞에 비치된 기내 면세점 카탈로그를 보고 물건을 고른다. 주문과 동시에 결제와 수령이 진행되는 시스템. 품목이 주류, 화장품, 건강보조식품 등에 집중돼 있어 선택의 폭이 좁다. 귀국 시 해외 면세점의 규모가 작아 성에 차지 않을 때 차선책으로 이용할 만하다.

면세점 쇼핑 시 필요한 것

☑ 여권, 항공권(정확한 출국 정보)

＼ 환전 팁 ／

한국 원화를 베트남 동으로 환전하는 것보다 일단 미국 달러로 바꿨다가,
현지에서 미국 달러를 베트남 동으로 한 번 더 환전하는 게 금전적으로 이득이다.

환율 우대받는 방법

☑ 주거래 은행에 방문하면 거래 실적에 따라 환율 우대 혜택을 준다.

☑ 사이버 환전을 이용한다. 온라인을 통해 사이버 환전을 신청하고, 출국 시 공항 내 은행 지점에서 수령한다.

☑ 시중 은행 방문 시 인터넷 검색을 통해 환율 우대 쿠폰을 찾는 것도 방법. 미국 달러와 유로 등 주요 통화는 70~80%, 기타 통화는 30~40%가량 환율 우대를 받을 수 있다. 일부 통화는 환율 우대 불가.

다낭 현지 환전소

공항 안에 있는 환전소는 환율이 좋지 않다. 한 시장 인근 금은방, 롯데마트 다낭 내 환전소가 환율 좋기로 소문난 곳. 미국 달러를 베트남 동으로 환전할 때는 100달러짜리 지폐가 유리하다. 소액권 달러는 환율을 불리하게 적용하는 경우가 흔하므로, 환전용 달러로 되도록 100달러짜리 지폐를 챙겨가는 게 팁.

☑ 권종은 다양하게
권종을 다양하게 받아두는 게 좋다. 10만 동이 가장 흔하게 쓰이며 5만 동, 2만 동, 1만 동 등 소액권도 챙겨두면 유용하다.

☑ 1달러짜리 지폐
미국 달러 1달러짜리를 적당량 환전해 가면 호텔 등에서 팁으로 사용하기 편하다.

신용카드

호텔이나 고급 레스토랑, 규모가 큰 기념품 숍 등 일부 상점에서는 신용카드 결제가 가능하다. 비자카드, 마스터카드 등 해외에서 사용 가능한 것이어야만 한다. 아메리칸 익스프레스 카드, 다이너스 카드 등은 가맹점이 많지 않아 불편을 겪을 수 있다. 카드 사용 시 건마다 수수료가 붙는다. 카드사에 따라, 본인이 소유한 카드의 종류에 따라 달리 적용되니 자세한 정보는 카드사에 문의! 카드 결제 불가한 곳이 많으니 어느 정도의 현금 보유는 필수 사항이다.

ATM

비자, 마스터 등 해외에서 쓸 수 있는 카드인지 확인부터. ATM에서 돈을 인출하는 방법은 한국과 별반 다르지 않다. 카드를 넣고 비밀번호 입력 후 원하는 금액을 누르면 된다. 다낭과 호이안 시내 곳곳에 ATM이 설치돼 있다. 출금 시 별도의 수수료 발생, 너무 자잘한 금액을 뽑으면 손해니 한방에 두둑하게 출금하자.

Index

Index

여행 베트남어
TRAVEL VIETNAMESE

여행 영어
TRAVEL ENGLISH

1. 왕초보 영어

2. 공항 · 기내에서

3. 교통수단

4. 숙소에서

5. 식당에서

6. 관광할 때

7. 쇼핑할 때

8. 위급상황

여행 베트남어
TRAVEL VIETNAMESE

※베트남어 발음은 지역(남부, 중부, 북부)에 따라 차이가 있습니다. 이 책은 다낭이 있는 중부 지역의 발음을 기준으로 합니다.

인사하기

❶ 안녕하세요.
Xin chào.
씬 짜오

❼ 저는 한국 사람이에요.
Tôi là người Hàn Quốc.
또이 라 응으어이 한 꾸옥

❷ 잘 가요.
Tạm biệt.
땀 비엘

❽ 저는 베트남을 좋아해요.
Tôi thích Việt Nam.
또이 틱 비엘 남

❸ 고마워요.
Cảm ơn.
깜 언

❾ 베트남 사람은 친절해요.
Người Việt Nam thân thiện.
응으어이 비엘 남 턴 티엔

❹ 죄송해요.
Xin lỗi.
씬 로이

❿ 저는 베트남어를 할 줄 몰라요.
Tôi không biết nói tiếng Việt.
또이 콤 비엘 너이 띠엥 비엘

❺ 괜찮아요.
Không sao.
콤 싸오

⓫ 네.
Dạ.
야

❻ 반가워요.
Rất vui được gặp bạn.
럴 부이 드억 갑 반

⓬ 아니요.
Không.
콤

TIP 숫자 세기

1	một	몯	6	sáu	싸우
2	hai	하이	7	bảy	바이
3	ba	바	8	tám	땀
4	bốn	본	9	chín	찐
5	năm	남	10	mười	므어이

식당에서

❶ 에어컨 있나요?
Có máy lạnh không?
꺼 마이 라잉 콤

❷ 너무 더워요!
Nóng quá!
넘 꾸아

❸ 화장실이 어디인가요?
Nhà vệ sinh ở đâu?
냐 베 씽 어 더우

❹ 얼음 주세요.
Cho tôi đá.
쩌 또이 다

❺ 물 주세요.
Cho tôi nước.
쩌 또이 느억

❻ 맥주 주세요.
Cho tôi bia.
쩌 또이 비어

❼ 유료인가요?
Cái này có tính phí không?
까이 나이 꺼 띵 피 콤

❽ 메뉴판을 주세요.
Cho tôi xin thực đơn.
쩌 또이 씬 특 던

❾ 이것을 주세요.
Cho tôi món này.
쩌 또이 먼 나이

❿ 고수를 빼주세요.
Đừng bỏ rau ngò cho tôi.
등 버 라우 응어 쩌 또이

⓫ 이 음식을 포장해주세요.
Gói món này lại giúp tôi.
거이 먼 나이 라이 이웁 또이

⓬ 밥 추가할게요.
Cho tôi thêm cơm.
쩌 또이 템 껌

⓭ 매운 소스 있나요?
Có nước chấm cay không?
꺼 느억 쩜 까이 콤

⓮ 다른 소스 있나요?
Có nước chấm khác không?
꺼 느억 쩜 칵 콤

⓯ 맛있어요!
Ngon quá!
응언 꾸아

⓰ 계산해주세요.
Cho tôi tính tiền.
쩌 또이 띵 띠엔

5

쇼핑할 때

❶ 이것은 얼마인가요?
Cái này bao nhiêu?
까이 나이 바오 니에우

❷ 너무 비싸요.
Đắt quá!
닽 꾸아

❸ 좀 깎아주세요.
Giảm giá cho tôi.
이얌 이야 쩌 또이

❹ 이것을 주세요.
Cho tôi cái này.
쩌 또이 까이 나이

❺ 환전하고 싶어요.
Tôi muốn đổi tiền.
또이 무온 도이 띠엔

❻ 계산해주세요.
Cho tôi tính tiền.
쩌 또이 띵 띠엔

❼ 과일은 어디서 사나요?
Trái cây mua ở đâu?
짜이 꺼이 무어 어 더우

❽ 저는 아오자이를 맞추고 싶어요.
Tôi muốn đặt may áo dài.
또이 무온 닫 마이 아오 야이

❾ 더 싼 것이 있나요?
Có cái rẻ hơn không?
꺼 까이 래 헌 콤

❿ 의류 매장은 몇 층인가요?
Cửa hàng quần áo ở tầng mấy?
끄어 항 꾸언 아오 어 떵 머이

⓫ 이것을 입어봐도 되나요?
Tôi có thể mặc thử cái này được không?
또 꺼 테 막 트 까이 나이 드억 콤

⓬ 다른 색깔이 있나요?
Có màu khác không?
꺼 마우 칵 콤

⓭ 전통 시장은 어디인가요?
Chợ truyền thống ở đâu?
쩌 쭈이엔 통 어 더우

⓮ 들어가도 되나요?
Tôi vào có được không?
또이 바오 꺼 드억 콤

관광할 때

🗺️

❶ 택시를 불러주세요.
Gọi tắc xi giúp tôi.
거이 딱 씨 이웁 또이

❷ 그랩 불렀어요.
Tôi đã gọi Grab rồi.
또이 다 거이 거랍 로이

❸ 이 주소로 가주세요.
Cho tôi đến địa chỉ này.
쩌 또이 덴 디어 찌 나이

❹ 여기로 가주세요.
Cho tôi đến đây.
쩌 또이 덴 더이

❺ 바나 힐로 가주세요.
Cho tôi đến Bà Nà.
쩌 또이 덴 바 나

❻ 요금이 얼마인가요?
Cước phí bao nhiêu?
끄억 피 바오 니에우

❼ 일정이 어떻게 되나요?
Lịch trình như thế nào?
릭 찡 니으 테 나오

❽ 이 길이 맞나요?
Đường này đúng không?
드엉 나이 둠 콤

❾ 얼마나 걸리나요?
Mất bao lâu?
멀 바오 러우

❿ 호텔 앞에 세워주세요.
Dừng trước khách sạn giúp tôi.
이응 쯔억 카익 싼 이웁 또이

⓫ 저는 ○○ 투어를 예약하고 싶어요.
Tôi muốn đặt tour ○○.
또이 무온 닫 뚜어 ○○

⓬ 이 요금이 맞나요?
Cước phí này có đúng không?
끄억 피 나이 꺼 둠 콤

⓭ 한국어 가이드가 필요해요.
Tôi cần hướng dẫn viên tiếng Hàn.
또이 껀 흐엉 연 비엔 띠엥 한

⓮ 사진을 찍어줄 수 있나요?
Bạn có thể chụp hình giúp tôi không?
반 꺼 테 쭙 힝 이웁 또이 콤

마사지할 때

❶ 너무 아파요!
Đau quá!
다우 꾸아

❷ 시원해요!
Thoải mái quá!
토아이 마이 꾸아

❸ 간지러워요!
Nhột quá!
늗 꾸아

❹ 세게 해주세요.
Mạnh tay giúp tôi.
마잉 따이 이웁 또이

❺ 약하게 해주세요.
Nhẹ tay giúp tôi.
내 따이 이웁 또이

❺ 여기는 하지 마세요.
Đừng làm ở đây.
등 람 어 더이

위급상황

❶ 배가 아파요.
Tôi đau bụng quá!
또이 다우 붐 꾸아

❷ 구급차를 불러주세요.
Hãy gọi xe cấp cứu giúp tôi.
하이 거이 쌔 껍 끄우 이웁 또이

❸ 저는 소매치기를 당했어요.
Tôi bị móc túi rồi.
또이 비 법 뚜이 로이

❹ 경찰을 불러주세요.
Hãy gọi cảnh sát giúp tôi.
하이 거이 까잉 쌀 이웁 또이

❺ 저는 여권을 잃어버렸어요.
Tôi làm mất hộ chiếu rồi.
또이 람 먿 호 찌에우 로이

❻ 경찰서가 어디인가요?
Sở cảnh sát ở đâu?
써 까잉 쌀 어 더우

8

베트남어 발음

A a 아	**Ă ă** 아(짧은 아)	**Â â** 어(짧은 어)	**B b** 버	**C c** 꺼
D d 여/저	**Đ đ** 더	**E e** 애	**Ê ê** 에	**G g** 거
H h 허	**I i** 이(짧은 이)	**K k** 까	**L l** 러	**M m** 머
N n 너	**O o** 어/오(중간 발음)	**Ô ô** 오	**Ơ ơ** 어	**P p** 뻐
Q q 꾸어	**R r** 러/저	**S s** 셔	**T t** 떠	**U u** 우
Ư ư 으	**V v** 버	**X x** 써	**Y y** 이	

베트남어 성조

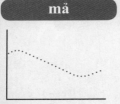

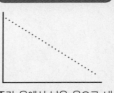

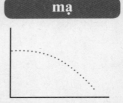

꺾임이 없는 평상음으로, '솔' 음의 소리

낮은 음에서 높은 음으로 올려주는 음

중간 음에서 낮은 음으로 내려주는 음

'중간 음 → 낮은 음 → 중간 음'으로, 음의 변화가 부드러움

'중간 음 → 낮은 음 → 높은 음'으로, 음의 변화가 급격함

가장 낮은 음에서 떨어지듯 내는 음

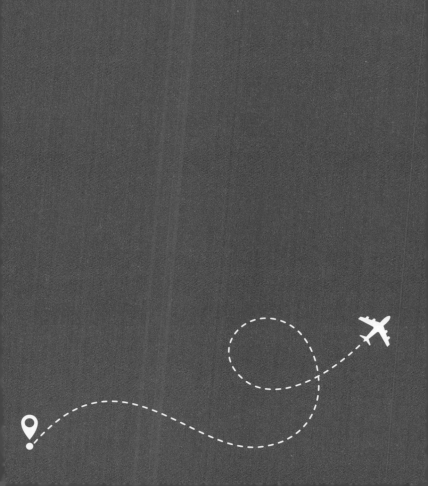

여행 영어
TRAVEL ENGLISH

1

왕초보 영어

왕초보 영어 패턴

왕초보 영어 표현

왕초보 영어 패턴

저는 이걸로 할게요.
I'll take this one.
아윌 테익 디스 원.

저는 현금으로 계산할게요.
I'll pay by cash.
아윌 페이 바이 캐쉬.

저는 ~할 게요(~로 주세요).
I'll ~ 아윌 ~

저는 그냥 물 주세요.
I'll just have water.
아윌 저스트 햅 워러.

저는 디저트는 안 먹을게요.
I'll skip the dessert.
아윌 스킵 더 디절트.

이건 무엇인가요?
What **is this?**
왓 **이즈 디스?**

이건 시내 가는 버스인가요?
Is this a bus for downtown?
이즈 디스 어 버스 포 다운타운?

이건 ~인가요?
Is this~? 이즈 디스~?

이거 세일해요?
Is this on sale?
이즈 디스 언 쎄일?

이건 무료인가요?
Is this free?
이즈 디스 프리?

방 청소해주세요.
Clean my room, **please.**
클린 마이 룸, **플리즈**

창가 좌석으로 부탁합니다.
A window seat, **please.**
어 윈도우 씻, **플리즈**

~를 부탁해요.
~, please. ~, 플리즈.

냅킨 좀 부탁해요.
Napkin, **please.**
냅킨, **플리즈**

하나 더 부탁해요.
One more, **please.**
원 모어, **플리즈.**

요금은 얼마인가요?
How much is the fare?
하우 머취 이즈 더 풰어?

입장료는 얼마인가요?
How much is the admission?
하우 머취 이즈 디 애드마쎤?

~는 얼마인가요?
How much is~?
하우 머취 이즈~?

중량 제한이 얼마인가요?
How much is the weight limit?
하우 머취 이즈 더 웨잇 리밋?

1박에 얼마인가요?
How much is it for one night?
하우 머취 이짓 포 원나잇?

제 자리가 어디인가요?
Where is my seat?
웨얼 이즈 마이 씻?

매표소가 어디인가요?
Where is the ticket window?
웨얼 이즈 더 티켓 윈도우?

~는 어디인가요?
Where is~?
웨얼 이즈~?

4번 게이트가 어디인가요?
Where is gate number four?
웨얼 이즈 게잇 넘벌 포?

화장실은 어디인가요?
Where is the restroom?
웨얼 이즈 더 풰스트룸?

한국어 팸플릿 있나요?
You got a brochure in Korean?
유 가러 브로슈얼 인 코뤼안?

전통적인 상품이 있나요?
You got something traditional?
유 갓 썸띵 트뤠디쎤얼?

~가 있나요?
You got~? 유 갓~?

다른 거 있나요?
You got another one?
유 갓 어나덜 원?

다른 색상 있나요?
You got another color?
유 갓 어나덜 컬러?

사진 찍을 수 있어요?
Can I take a picture?
캐나이 테이커 픽철?

여기서 걸어갈 수 있어요?
Can I walk from here?
캐나이 웍 프럼 히얼?

~할 수 있나요?
Can I~? 캐나이~?

할인되나요?
Can I get a discount?
캐나이 게러 디스카운트?

리필 되나요?
Can I get a refill?
캐나이 게러 뤼필?

잠시 후에 체크아웃하고 싶어요.
I wanna check-out later.
아이 워너 췌카웃 레이러.

룸 서비스를 주문하고 싶어요.
I wanna order room service.
아이 워너 오러 룸 썰비쓰.

~하고 싶어요.
I wanna~. 아이 워너~.

이거 교환하고 싶어요.
I wanna exchange this.
아이 워너 익스췌인쥐 디스.

화장품을 좀 보고 싶어요.
I wanna see some cosmetics.
아이 워너 씨 썸 커즈메틱스.

이건 무엇인가요?
What is it?
왓 이짓?

방문 목적은 무엇인가요?
What is your purpose for coming here?
왓 이즈 유어 펄포스 포 커밍 히얼?

~는 무엇인가요?
What is~? 왓 이즈~?

가장 인기 있는 게 무엇인가요?
What is the most popular one?
왓 이즈 더 머스트 파퓰러 원?

가장 유명한 관광명소가 무엇인가요?
What is the most famous tourist attraction?
왓 이즈 더 머스트 페이머스 투어리스트 어트랙션?

왕초보 영어 표현

여기 **here** 히얼	저기 **there** 데얼	이것 **this** 디스
저것 **that** 댓	네 **Yes** 예스	아니요 **No** 노우
알겠습니다 **I know** 아이 노우	모르겠습니다 **I don't know** 아이 돈 노우	실례합니다 **Excuse me** 익스큐즈 미
감사합니다 **Thank you** 땡큐	천만에요 **You're welcome** 유얼 웰컴	문제 없어요 **No problem** 노 프라블럼
여기 있습니다 **Here you are** 히얼 유 알	어서 오세요 **Welcome** 웰컴	안녕히 가세요 **Good bye** 굿바이
일반 인사 **Hello** 헬로	아침 인사 **Good morning** 굿모닝	저녁 인사 **Good night** 굿나잇
좋아요 **I like it** 아이 라익 잇	싫어요 **I hate it** 아이 헤잇 잇	미안해요 **I'm sorry** 암 쏘리
충분해요 **That's enough** 댓츠 이너프	충분하지 않아요 **That's not enough** 댓츠 낫 이너프	저 한국인이에요 **I'm a Korean** 암 어 코뤼안
도와주세요 **Help me** 헬 미	잠깐만요 **Just a moment** 저스트 어 모먼트	즐겨요 **Enjoy** 엔조이

2

공항 · 기내에서

탑승 수속하기

보안 검색받기

면세점 쇼핑하기

비행기 탑승하기

환승하기

기내 서비스 요청하기

기내 물품 · 시설 문의하기

입국 심사받기

수하물 찾기

환전하기

탑승 수속하기

탑승 수속을 위해 꼭 필요한 표현들을 모았다. 수속 전 항공사의 수하물 규정을 확인하여 기내어 반입할 짐과 위탁할 수하물의 양을 적절히 분배하면 한결 편리하다.

◀》 여행 단어

여권	passport 패스폴트		무게	weight 웨잇
탑승권	boarding pass 볼딩패스		무게 초과	overweight 오벌웨잇
좌석	seat 씻		추가 요금	extra charge 엑쓰트라 찰쥐
경유	layover 레이오벌		연착	delay 딜레이
수하물	baggage=luggage 배기쥐=러기쥐		다음 비행편	next flight 넥스트 플라잇

🎤 여행 회화

❶ ○○항공 카운터가 어디인가요?
Where is the ○○ Air Counter?
웨얼 이즈 더 ○○ 에얼 카운터?

❷ 창가 좌석으로 부탁합니다.
A window seat, please.
어 윈도우 씻, 플리즈.

❸ 중량 제한이 얼마인가요?
How much is the weight limit?
하우 머취 이즈 더 웨잇 리밋?

❹ 제 짐 무게가 초과됐나요?
Is my baggage overweight?
이즈 마이 배기쥐 오벌웨잇?

❺ 4번 게이트가 어디인가요?
Where is gate number four?
웨얼 이즈 게잇 넘벌 포?

❻ 제 비행기 연착됐어요?
Is my flight delayed?
이즈 마이 플라잇 딜레이드?

보안
검색받기

겉옷과 모자 등 모든 소지품을 물품 바구니에 담아야 한다. 주머니에 있던 소지품도 빼놓지 말고 꺼내놓자. 간혹 경보음이 울리더라도 당황하지 말고 직원의 요청에 따르자.

◀» 여행 단어

벗다	take off 테익 어프		안경	glasses 글래씨스
액체류	liquids 리퀴즈		이상한	weird 위얼드
휴대폰	cell phone 쎌 포온		주머니	pocket 포켓
소지품	belonging 빌롱잉		겉옷	outerwear 아우러웨얼
모자	hat 헷		임신한	pregnant 프레그넌트

🎙 여행 회화

❶ 무슨 문제 있나요?
Is there any problem?
이즈 데얼 애니 프라블럼?

❷ 주머니에 아무것도 없어요.
I have nothing in my pocket.
아이 해브 낫띵 인 마이 포켓.

❸ 액체류 없어요.
I don't have any liquids.
아이 돈 해브 애니 리퀴즈.

❹ 이상한 거 아니에요.
It's nothing weird.
잇츠 낫띵 위얼드.

❺ 이제 가도 되나요?
Can I go now?
캐나이 고우 나우?

❻ 저 임산부예요.
I'm a pregnant women.
암 어 프레그넌트 위맨.

21

면세점 쇼핑하기

공항 면세점에서 쇼핑할 때 구매자의 여권이 필요하므로 반드시 휴대하도록 한다. 상품에 따라 구매 한도 관련 규정이 다를 수 있으므로 미리 알아두지 못했다면 매장 직원에게 묻자.

🔊 여행 단어

면세	duty-free 듀리-프리	선글라스	sunglasses 썬글래씨스
면세점	duty-free shop 듀리-프리 샵	가방	bag 백
화장품	cosmetics 커즈메틱스	선물	gift 기프트
담배	tobacco 터바코우	계산하다	pay 페이
주류	alcohol 앨코홀	세금	tax 택스

🎤 여행 회화

❶ 화장품은 어디에 있어요?
Where are the cosmetics?
웨얼 알 더 커즈메틱스?

❷ 가장 인기 있는 게 무엇인가요?
What's the most popular one?
왓츠 더 머스트 파퓰러 원?

❸ 이걸로 할게요.
I'll take this one.
아윌 테익 디스 원.

❹ 계산할게요.
I'll pay for it.
아윌 페이 포릿.

❺ 주류는 몇 병까지 살 수 있어요?
How many bottles of alcohol can I buy?
하우 매니 바틀스 오브 앨코홀 캐나이 바이?

❻ 이거 선물할 거예요.
These are the gifts.
디이즈 알 더 기프츠.

비행기 탑승하기

공항이 익숙하지 않거나 탑승 시간이 임박했다면 길을 헤매지 말고 탑승구 위치를 물어보자. 공항 직원이나 승무원에게 티켓을 보여주면 대부분 친절히 안내해준다.

◀» 여행 단어

탑승권	boarding pass 볼딩패스	통로 좌석	aisle seat 아일 씻
좌석	seat 씻	창가 좌석	window seat 윈도우 씻
좌석 번호	seat number 씻 넘벌	일등석	first class 펄스트 클래쓰
안전벨트	seatbelt 씻벨	일반석	economy class 이카너미 클래쓰
비상구 좌석	exit seat 엑싯 씻	기내 휴대 수하물	carry-on baggage 캐리-언 배기쥐

🎤 여행 회화

❶ 제 자리는 어디인가요?
Where is my seat?
웨얼 이즈 마이 씻?

❷ 여긴 제 자리입니다.
This is my seat.
디스 이즈 마이 씻.

❸ 안전벨트를 못 찾겠어요.
I can't find my seatbelt.
아이 캔트 파인 마이 씻벨.

❹ 제 자리를 발로 차지 말아 주세요.
Please, don't kick my seat.
플리즈, 돈 킥 마이 씻.

❺ 짐 좀 올려주시겠어요?
Can you store my baggage overhead?
캔 유 스토얼 마이 배기쥐 오버헤드?

❻ 자리를 바꿀 수 있을까요?
Can I change my seat?
캐나이 췌인쥐 마이 씻?

환승하기

초심자에겐 외국 공항에서의 환승이 다소 부담스러울 수도 있다. 하지만 환승을 뜻하는 'transfer' 또는 'transit' 표지판을 차분히 따라가면 크게 어려울 것은 없다.

◀» 여행 단어

환승	transfer ≒ transit 트렌스펄 ≒ 트뤤짓	경유	layover ≒ stopover 레이오벌 ≒ 스톱오벌
연착	delay 딜레이	편명	flight number 플라잇 넘벌
탑승	boarding 보딩	탑승구	gate 게이트

TIP 'transfer'가 다른 비행기로 갈아타는 것을 의미한다면, 'transit'은 다른 공항에서 잠시 머물렀다가 같은 비행기에 다시 탑승하는 것을 말한다.

TIP 'stopover'는 공항 내 체류 시간이 24시간을 넘을 경우, 'layover'는 공항 내 체류 시간이 24시간을 넘지 않을 경우에 사용한다.

🎤 여행 회화

❶ 저는 환승 승객입니다.

I'm a transit passenger.
암 어 트뤤짓 패씬절.

❷ 모스크바를 경유합니다.

I have a stopover in Moscow.
아이 해브 어 스톱오벌 인 모스코.

❸ 몇 번 탑승구로 가야 하죠?

Which gate should I go to?
위치 게잇 슈드 아이 고 투?

❹ 환승 라운지가 있나요?

Is there a transit lounge?
이즈 데얼 어 트뤤짓 라운쥐?

❺ 탑승은 언제 해요?

When does the boarding start?
웬 더즈 더 보딩 스딸?

❻ 다음 비행기가 연착됐나요?

Is next flight delayed?
이즈 넥스트 플라잇 딜레이드?

기내 서비스
요청하기

특히 긴 비행 중에는 기내식을 비롯해 베개, 담요 등 필요한 기내 서비스를 제공받거나 요청할 수 있다. 저가항공의 경우 종류에 따라 유료 서비스인 경우도 있으니 염두에 두자.

◀》 여행 단어

베개	pillow 필로우
담요	blanket 블랭킷
냅킨	napkin 냅킨
식사	meal 미일
마실 것	drink 드링크

기내 면세품	tax-free goods 택스-프뤼 굿즈
입국 신고서	entry card 엔트뤼 카드
생리대	sanitary pads 쌔니태리 패즈
두통약	aspirin 애스피륀
비행기 멀미	airsick 에얼씩

🎤 여행 회화

❶ 냅킨 좀 주세요.
Get me some napkins, please.
겟 미 썸 냅킨즈, 플리즈.

❷ 마실 것 좀 주세요.
Get me something to drink, please.
겟 미 썸띵 투 드링크, 플리즈.

❸ 식사는 언제인가요?
When is the meal?
웬 이즈 더 미일?

❹ 비행기 멀미가 나요.
I feel airsick.
아이 퓔 에얼씩.

❺ 다른 베개 가져다 주세요.
Get me another pillow, please.
겟 미 어나덜 필로우, 플리즈.

❻ 입국 신고서 작성 좀 도와주세요.
Help me with this entry card, please.
헬 미 윗 디스 엔트뤼 카드, 플리즈.

기내 물품·
시설 문의하기

조명등을 켜고 끄는 것부터 스크린 조작 방법까지 처음 만지는 기내 시설이 익숙하지 않을 터. 궁금한 점이 있다면 망설이지 말고 승무원에게 문의하자.

◀» 여행 단어

좌석	seat 씻	슬리퍼	slippers 슬리뻘스
안전벨트	seatbelt 씻벨	안대	sleep mask 슬립 마스크
화장실	restroom 뤠스트룸	전등	light 라잇
헤드폰	headset 헷쎗	화면	screen 스끄륀
담요	blanket 블랭킷	작동하지 않다	not work 낫 월크

🎤 여행 회화

❶ 불 좀 꺼주세요.
Please turn off the light.
플리즈 턴 어프 더 라잇.

❷ 담요를 가져다주세요.
Get me a blanket, please.
겟 미 어 블랭킷, 플리즈.

❸ 이게 작동을 안 해요.
It is not working.
잇 이즈 낫 월킹.

❹ 안대 있나요?
Do you have a sleep mask?
두 유 해버 슬립마스크?

❺ 제 화면을 한 번 봐 주실래요?
Could you take a look at my screen?
쿠쥬 테이커 룩앳 마이 스끄륀?

❻ 이 베개 불편해요.
This pillow isn't comfy.
디스 필로우 이즌트 콤퓌.

입국
심사받기

해외여행지로 가는 첫 관문, 바로 입국 심사다. 각국의 입국 심사 절차는 조금씩 다를 수 있지만, 입국신고서를 정확히 작성하고 간단한 질문에 답할 수 있다면 큰 무리 없이 통과된다.

◀» 여행 단어

입국 신고서	entry card 엔트뤼 카드	여권	passport 패스폴트
세관 신고서	customs form 커스텀스 폼	지문	fingerprint 핑거프린
입국 심사	immigration 이미그뤠이션	일주일	a week 어 윅
관광	sightseeing 싸잇씨잉	왕복 티켓	return ticket 뤼턴 티켓
출장	business trip 비즈니스 트립	전화번호	phone number 포온 넘벌

🎤 여행 회화

❶ 방문 목적은 무엇인가요?
What is your purpose for coming here?
왓 이즈 유얼 펄포스 포 커밍 히얼?

❷ 관광하러 왔어요.
I'm here for sightseeing.
암 히얼 포 싸잇씨잉.

❸ 왕복 티켓 있나요?
Do you have your return ticket?
두 유 햅 유얼 뤼턴 티켓?

❹ 지문을 여기에 갖다 대세요.
Scan your fingerprint here.
스캔 유얼 핑거프린 히얼.

❺ 호텔에 묵을 거예요.
I'm staying at a hotel.
암 스테잉 애러 호텔.

❻ 한국인 통역사를 불러주세요.
Can you get me a Korean interpreter?
캔 유 겟 미 어 코뤼안 인터프뤼털?

수하물
찾기

수하물 안내판에서 탑승한 항공편에 해당하는 컨베이어 벨트 번호를 확인한 후 수하물을 찾으면 된다. 수하물에 문제가 생겼을 경우 곧바로 공항 직원에게 문의하자.

◀» 여행 단어

수하물	baggage 배기쥐	분실한	missing 미씽
수하물 찾는 곳	baggage claim 배기쥐 클레임	파손	damage 데미쥐
수하물 표	baggage tag 배기쥐 택	이름표	name tag 네임 택
기내 휴대 수하물	carry-on baggage 캐리-언 배기쥐	전화번호	phone number 포온 넘벌
카트	trolley 트롤리	분실물 센터	lost and found 러스트 앤 퐈운

🎤 여행 회화

❶ 수하물은 어디서 찾아요?

Where is the baggage claim?
웨얼 이즈 더 배기쥐 클레임?

❷ 제 수화물을 못 찾겠어요.

I can't find my baggage.
아이 캔트 파인드 마이 배기쥐.

❸ 카트는 어디에 있어요?

Where is the trolley?
웨얼 이즈 더 트롤리?

❹ 수하물이 파손됐어요.

My baggage is damaged.
마이 배기쥐 이즈 데미쥐드.

❺ 수하물 표를 분실했어요.

My baggage tag is missing.
마이 배기쥐 택 이즈 미씽.

❻ 이상한 거 아니에요.

It's nothing weird.
잇츠 낫띵 위얼드.

환전
하기

한국에서 미처 환전하지 못했다면 현지 공항에 도착해 환전소를 찾아보자. 공항에서도 환전하지 못했거나 여행 경비가 부족하다면 여행지 곳곳의 환전소를 이용하면 된다.

◀》 여행 단어

환전	money exchange 머니 익스췌인쥐	지폐	paper money 페이펄 머니
환전소	currency exchange 커런시 익스췌인쥐	동전	coin 코인
환율	exchange rate 익스췌인쥐 뤠이트	수수료	fee 퓌
은행	bank 뱅크	영수증	receipt 뤼씻
잔돈	small bills 스몰 빌즈	달러	dollar 달러

🎤 여행 회화

❶ 환전소는 어디인가요?

Where is the currency exchange?
웨얼 이즈 더 커런시 익스췌인쥐?

❷ 환전을 하고 싶어요.

I'd like to exchange money.
아드 라익 투 익스췌인쥐 머니.

❸ 오늘 환율은 얼마인가요?

What's the exchange rate today?
왓츠 디 익스췌인쥐 뤠이트 투데이?

❹ 수수료는 얼마인가요?

How much is the fee?
하우 머치 이즈 더 퓌?

❺ 잔돈으로 주세요.

Small bills, please.
스몰 빌즈, 플리즈.

❻ 영수증 주세요.

Receipt, please.
뤼씻, 플리즈.

3

교통수단

승차권 구매하기

알맞은 교통수단을 택하고, 일정에 맞는 승차권을 구매하는 것부터가 여행의 시작. 일정과 동선에 맞는 교통패스를 활용해 교통비를 줄이는 센스도 필요하다.

🔊 여행 단어

승차권	ticket 티켓	왕복	round trip 롸운 트립
시간표	timetable 타임테이블	편도	one-way 원-웨이
발권기	ticket machine 티켓 머쉰	일일 승차권	one-day pass 원-데이 패쓰
매표소	ticket window 티켓 윈도우	일등석	first class 펄스트 클래쓰
급행열차	express train 익쓰프레쓰 트뤠인	일반석	coach class 코취 클래쓰

🎙 여행 회화

❶ 매표소는 어디에 있나요?
Where is the ticket window?
웨얼 이즈 더 티켓 윈도우?

❷ 발권기는 어떻게 사용하나요?
How do I use the ticket machine?
하우 두 아이 유즈 더 티켓 머쉰?

❸ 왕복 티켓 한 장이요.
One ticket, round trip please.
원 티켓, 롸운 트립 플리즈.

❹ 요금은 얼마인가요?
How much is the fare?
하우 머취 이즈 더 풰얼?

❺ 급행열차는 어디에서 타요?
Where should I go for the express train?
웨얼 슈라이 고 포 디 익쓰프레쓰 트뤠인?

❻ 출발은 언제인가요?
What time is the departure?
왓 타임 이즈 더 디파취?

버스
이용하기

구석구석 찾아다닐 수 있는 기동성만큼은 버스가 최고다. 다만, 정류장 위치, 진행 방향 등을 유념해서 탑승해야 목적지까지 실수 없이 도착할 수 있다.

◀» 여행 단어

버스 정류장	bus stop 버스 스탑	놓치다	miss 미쓰
버스 요금	bus fare 버스 풰얼	환승	transfer 트뢴스풜
내리다	get off 게러프	잔돈	change 췌인쥐
다음 버스	next bus 넥스트 버스	내릴 정류장	my stop 마이 스탑
~행 버스	bus for~ 버스 포~	매표소	ticket window 티켓 윈도우

🎤 여행 회화

❶ 버스 정류장이 어디에 있나요?

Where is the bus stop?
웨얼 이즈 더 버스 스탑?

❷ 이 버스 시내로 가나요?

Is this a bus for downtown?
이즈 디스 어 버스 포 다운타운?

❸ 버스 요금이 얼마인가요?

How much is the bus fare?
하우 머치 이즈 더 버스 풰얼?

❹ 여기서 내리는 거 맞아요?

Do I get off here?
두 아이 게러프 히얼?

❺ 내려야 할 때 알려주세요.

Let me know when to get off.
렛 미 노 웬 투 게러프.

❻ 내릴 정류장을 놓쳤어요.

I missed my stop.
아이 미쓰드 마이 스탑.

33

전철·기차 이용하기

지하철은 시내에서 주요 명소로 이동할 때, 기차는 도시 간 장거리 이동 시 선호하는 교통수단. 승강장 위치와 열차 종류, 환승 노선 등은 승·하차 시 반드시 체크할 것.

◀》 여행 단어

전철 역	subway station 썹웨이 스테이션	노선도	line map 라인 맵
(지하철)노선	line 라인	승강장	platform 플랫폼
교통패스	pass 패쓰	환승	transfer 트뤤스펄
~가는 표	ticket to~ 티켓 투~	침대칸	sleeper 슬리뻘
시간표	timetable 타임테이블	직행	direct 다이렉트

🎤 여행 회화

❶ 전철 역이 어디예요?　　Where is the subway station?
아이 이즈 더 썹웨이 스테이션?

❷ 급행열차 어디에서 타요?　　Where should I go for the express train?
웨얼 슈라이 고 포 디 익쓰프레쓰 트뤠인?

❸ 노선도를 보여주시겠어요?　　Could you show me the line map?
쿠쥬 쇼 미 더 라인 맵?

❹ 승강장을 못 찾겠어요.　　I can't find the platform.
아이 캔트 퐈인더 플랫폼.

❺ 어디에서 환승해요?　　Where do I transfer?
웨얼 두 아이 트뤤스펄?

❻ 여기서 전철로 얼마나 걸려요?　　How long does it take by subway?
하우 롱 더짓 테익 바이 썹웨이?

택시 이용하기

다른 교통수단에 비해 대체로 비싼 편이지만, 목적지까지 대중교통을 이용하기 애매하거나 에너지를 보충해야 할 때 유용하다. 서너 명이 함께 이동해야 한다면 경제적으로 효율적인 때도 있다.

🔊 여행 단어

택시 정류장	taxi stand 택씨 스탠드	세우다	pull over 풀 오벌
이 주소	this address 디스 어드뤠쓰	빨리	faster 풰스털
~로 가주세요	take me to~ 테익 미 투~	잔돈	change 췌인쥐
기본 요금	starting fare 스타링 풰얼	동전	coins 코인즈
트렁크	trunk 트뤙크	신용카드	credit card 크뤠딧 카드

🎤 여행 회화

❶ 택시 정류장은 어디인가요?

Where is the taxi stand?
웨얼 이즈 더 택씨 스탠드?

❷ 이 주소로 가주세요.

Take me to this address.
테익 미 투 디스 어드뤠쓰.

❸ 트렁크 열어주세요.

Please open the trunk.
플리즈 오픈 더 트뤙크.

❹ 더 빨리 갈 수 있나요?

Can you go faster?
캔 유 고 풰스털?

❺ 여기서 세워주세요.

Pull over here.
풀 오벌 히얼.

❻ 신용카드 되나요?

Do you take credit cards?
두 유 테익 크뤠딧 카드?

도보로
길 찾기

구글맵이 있다면 목적지가 어디든 도보로 찾아가기 어렵지 않다. 포켓 와이파이나 유심칩을 미리 준비해서 구글맵을 원활하게 사용할 수 있도록 하자.

◀» 여행 단어

길	way 웨이	거리	street 스트릿
주소	address 어드뤠쓰	모퉁이	corner 코널
지도	map 맵	골목	alley 앨리
왼쪽 · 오른쪽	left·right 레프트 · 롸잇	먼 · 가까운	far·near 퐐 · 니얼
구역	block 블락	사거리	intersection 인터섹션

🎙 여행 회화

❶ 저 여기 찾아요.
I gotta find this.
아 가라 퐈인 디스.

❷ 여기 어떻게 가요?
How do I get here?
하우 두 아이 겟 히얼?

❸ 여기가 지도상의 위치인가요?
Is this the location on the map?
이즈 디스 더 로케이션 언 더 맵?

❹ 여기서 걸어갈 수 있어요?
Can I walk from here?
캐나이 웍 프럼 히얼?

❺ 걸어서 얼마나 걸려요?
How long does it take by walking?
하우 롱 더짓 테익 바이 워킹?

❻ 이 길이 맞아요?
Is this the right way?
이즈 디스 더 롸잇 웨이?

교통편
놓쳤을 때

교통편을 놓쳤다면 규정에 따라 수수료를 지급하거나 별도의 수수료 없이 다음 교통편으로 재발권할 수 있다. 단, 규정에 따라 재발권이 불가능한 경우도 있으니 티켓 판매처에 문의하자.

◀» 여행 단어

비행기	flight 플라잇	다음	next 넥스트
열차	train 트뤠인	기다리다	wait 웨잇
시간표	timetable 타임테이블	추가 요금	extra charge 엑쓰트롸 촬쥐
변경	change 췌인쥐	대기 명단	waiting list 웨이팅 리스트
환불	refund 뤼펀드	여행사·항공사	travel agency·airline 트래블 에이전씨 · 에얼라인

🎤 여행 회화

❶ 저 비행기를 놓쳤어요.

I missed my flight.
아이 미쓰드 마이 플라잇.

❷ 전 어떻게 해야 하나요?

What should I do?
왓 슈라이 두?

❸ 다음 비행기는 언제인가요?

When is the next flight?
웬 이즈 더 넥스트 플라잇?

❹ 변경이 가능한가요?

Can I change it?
캐나이 췌인쥐 잇?

❺ 추가 요금은 얼마인가요?

How much extra do you charge?
하우 머취 엑쓰트롸 두 유 촬쥐?

❻ 가능한 빨리 출발하고 싶어요.

I'd like to leave as soon as possible.
아이드 라익 투 리브 애즈 쑨 애즈 파서블.

4

숙소에서

숙소 체크인하기

숙소 체크아웃하기

부대시설 이용하기

숙소 서비스 요청하기

객실 비품 요청하기

불편사항 말하기

숙소
체크인하기

혹시 모를 상황에 대비해 숙소 예약 바우처를 출력해 챙겨가는 것이 좋다. 숙소 체크인 시간은 나라별로, 숙소별로 다를 수 있으므로 체크인 전에 미리 확인해두는 센스!

◀» 여행 단어

예약	reservation 뤠절베이션	**객실 번호**	room number 룸 넘벌
몇 층	which floor 위치 플로어	**와이파이 비밀번호**	Wifi password 와이파이 패스워드
객실 키	room key 룸 키	**1박 · 2박**	one night · two nights 원 나이트 · 투 나이츠
짐	baggage 배기쥐		
싱글 · 더블 · 트윈	single · double · twin 싱글 · 더블 · 트윈		

> **TIP** 체크인을 일찍 할 경우 추가 요금을 받는 곳도 있으니 염두에 두자. 또 체크인 시 음료 쿠폰이나 부대 시설 이용 쿠폰을 제공하는 곳도 있으니 확인해보자.

🎤 여행 회화

❶ 체크인할게요.
Check-in, please.
췌킨, 플리즈.

❷ 제 이름 ○○○으로 예약했어요.
I got a reservation under my name, ○○○.
아이 가러 뤠절베이션 언덜 마이 네임, ○○○.

❸ 제 방은 몇 층에 있나요?
Which floor is my room?
위치 플로어 이즈 마이 룸?

❹ 객실 키가 안 돼요.
My room key is not working.
마이 룸 키 이즈 낫 월킹.

❺ 이 사이트에서 예약했어요.
I got a reservation through this website.
아이 가러 뤠절베이션 뜨루 디스 웹싸잇.

❻ 객실 요금은 이미 지불했어요.
I've already paid for the room.
아이브 얼뤠디 페이드 포 더 룸.

체크아웃 시간 또한 숙소마다 조금씩 다르다. 사정상 늦은 체크아웃을 해야 한다면 레이트 체크아웃에 따른 추가 요금을 확인할 것.

◀» 여행 단어

체크아웃	check-out 췌카웃	분실하다	lost 러스트
계산서	bill 빌	보관하다	keep 킵
요금	charge 촬쥐	몇 시	what time 왓 타임
추가 요금	extra charge 엑쓰트롸 촬쥐	연장하다	extend 익스텐드
객실 키	room key 룸 키	잠시 후에	later 레이러

🎤 여행 회화

① 체크아웃할게요.

Check-out, please.
췌카웃, 플리즈.

② 체크아웃 몇 시예요?

What time is the check-out?
왓 타임 이즈 더 췌카웃?

③ 잠시 후에 체크아웃할게요.

I wanna check-out later.
아이 워너 췌카웃 레이러.

④ 짐을 맡길 수 있나요?

Can you keep my baggage?
캔 유 킵 마이 배기쥐?

⑤ 택시를 불러주세요.

Please call a taxi.
플리즈 콜 어 택씨.

⑥ 계산서를 보여주세요.

Show me the bill, please.
쇼 미 더 빌, 플리즈.

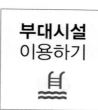

부대시설
이용하기

레스토랑, 온천, 목욕탕, 세탁실 등의 부대시설을 자유롭게 이용하기 위한 표현들. 숙소 서비스 차원에서 무료로 제공하기도 하고, 때에 따라 추가 요금을 받을 수도 있으니 미리 확인하자.

◀» 여행 단어

조식	breakfast 브렉퍼스트	흡연실	smoking room 스모킹 룸
스파	spa 스파	목욕탕	bathhouse 배쓰하우스
자판기	vending machine 벤딩 머쉰	세탁실	laundry room 런더뤼 룸
전망	view 뷰	개점 · 폐점	open·close 오픈 · 클로오즈
이용 방법	how to use 하우 투 유즈	투숙객 할인	discount for guest 디스카운트 포 게스트

🎤 여행 회화

❶ 조식은 어디서 먹어요?
Where do I have breakfast?
웨얼 두 아이 햅 브렉퍼스트?

❷ 스파는 몇 층에 있나요?
Which floor has the spa?
위치 플로어 해즈 더 스파?

❸ 전망 좋은 곳으로 데려다주세요.
Take me to a place with a nice view.
테익 미 투 어 플레이스 위더 나이쓰 뷰.

❹ 스파는 몇 시부터 오픈하나요?
What time does the spa open?
왓 타임 더즈 더 스파 오픈?

❺ 근처에 편의점이 있나요?
Is there a convenience store nearby?
이즈 데얼 어 컨비년스 스토어 니얼바이?

❻ 흡연실은 어디에 있나요?
Where is the smoking room?
웨얼 이즈 더 스모우킹 룸?

숙소 서비스 요청하기

콜택시 요청하기, 모닝콜 부탁하기, 귀중품 위탁하기 등 필요한 서비스가 있다면 다음의 표현을 활용해 직접 프런트에 말해보자.

🔊 여행 단어

공항	airport 에어폴트	개인 금고	safe 쎄이프
짐	baggage 배기쥐	와이파이 비밀번호	Wifi password 와이파이 패스워드
귀중품	valuables 밸류어블즈	셔틀버스	shuttle bus 셔틀 버스
모닝콜	wake-up call 웨이컵 콜		
청소	clean 클린		

TIP 객실 내 개인금고가 없다면 프런트에 맡기고 확인증을 받아두자. 청소를 별도로 요청해야 하는 호텔에서는 추가 요금이 있는지 꼭 확인하자.

🎙 여행 회화

❶ 룸 서비스 주문할게요.
I wanna order room service.
아이 워너 오러 룸 썰비쓰.

❷ 모닝콜 해주세요.
I want a wake-up call.
아이 원 어 웨이컵 콜.

❸ 택시를 불러주세요.
Please call a taxi.
플리즈 콜 어 택씨.

❹ 객실을 청소해주세요.
Clean my room, please.
클린 마이 룸, 플리즈.

❺ 공항으로 가려면 무엇을 타야 하나요?
What should I take to the airport?
왓 슈라이 테익 투 디 에어폴트?

❻ 와이파이 비밀번호를 알려주세요.
Tell me the Wifi password.
텔 미 더 와이파이 패스워드.

객실 비품 요청하기

호텔, 리조트의 경우 샴푸나 수건 등 기본적인 비품을 무료로 제공하는 경우가 많다. 이밖에 더 필요한 것이 있다면 이렇게 요청하자.

◀» 여행 단어

칫솔	toothbrush 투쓰브러쉬	고장난	broken 브로큰
수건	towel 타월	무료의	complimentary 컴플리멘터리
베개	pillow 필로우	화장지	tissue 티슈
드라이기	dryer 드라이어	시트	bed sheet 베드 씨트
~가 없다	got no~ 갓 노~	교체하다	replace 리플레이스

🎤 여행 회화

❶ 객실 비품(어메니티)은 무료인가요? **Are the amenities complimentary?**
얼 디 어메니티즈 컴플리멘터리?

❷ 수건 더 주세요. **More towels, please.**
모얼 타월스, 플리즈.

❸ 칫솔이 없어요. **I got no toothbrush.**
아이 갓 노 투쓰브러쉬.

❹ 베개를 새것으로 교체해주세요. **Please replace the pillow with a new one.**
플리즈, 리플레이스 더 필로우 위더 뉴 원.

❺ 드라이기가 고장 났어요. **The dryer is broken.**
더 드라이어 이즈 브로우큰.

❻ 욕조가 더러워요. **The bathtub is dirty.**
더 베쓰텁 이즈 더리.

불편사항 말하기

불편한 상황을 구체적으로 설명하기 어렵다면 호텔 직원에게 객실 방문을 부탁하자. 상황을 직접 보여주면 생각보다 쉽게 해결할 수 있다.

◀» 여행 단어

고장 나다	not work 낫 월크	문제	trouble 트러블
더운 · 추운	hot·cold 핫 · 콜드	시끄러운	noisy 노이지
인터넷	internet 인터넷	온수	hot water 핫 워러
청소	clean 클린		
화장실	toilet 토일렛		

> **TIP**
> 일부 숙소에서는 Wifi를 Wireless internet [와이얼리쓰 인털넷]이라 표현하기도 한다.

🎤 여행 회화

❶ 온수가 안 나와요.
Hot water is not coming out.
핫 워러 이즈 낫 커밍 아웃.

❷ 귀중품을 잃어버렸어요.
I lost my valuables.
아이 러스트 마이 밸류어블즈.

❸ 내 방에서 냄새나요.
My room is smelly.
마이 룸 이즈 스멜리.

❹ 와이파이가 안 터져요.
I can't get the Wifi.
아이 캔트 겟 더 와이파이.

❺ 객실에 문제가 있어요.
I'm having some trouble with the room.
아임 해빙 썸 트러블 윗더 룸.

❻ 처음부터 고장 나 있었어요.
It was broken from the beginning.
잇 워즈 브로우큰 프럼 더 비기닝.

5

식당에서

메뉴 주문하기

사진 메뉴판이 있다면 손가락으로 메뉴를 가리키며 "this one 디스 원"이라고 말하는 것으로 주문할 수 있다. 선택하기 어려울 때는 인기 메뉴를 추천받는 것도 좋은 방법이다.

◀》 여행 단어

메뉴 · 주문	menu·order 메뉴 · 오러	아침 식사	breakfast 브뤡퍼스트
예약	reservation 뤠절베이션	점심 식사	lunch 런치
추천	recommendation 뤠커멘데이션	저녁 식사	dinner 디너
자리	table 테이블	금연석	non-smoking area 넌 −스모킹 에어리어
이것	this one 디스 원	실내 · 야외	inside·outside 인사이드 · 아웃사이드

🎤 여행 회화

❶ 예약했어요(예약 안 했어요).

I got a reservation(no-reservation).
아이 가럿 뤠절베이션(노−뤠절베이션).

❷ 지금 주문할게요.

I wanna order now.
아이 워너 오러 나우.

❸ 추천해줄 수 있나요?

Any recommendations?
애니 뤠커멘데이션스?

❹ 다른 자리로 주세요.

Get me another table.
겟 미 어나덜 테이블.

❺ 소스는 따로 주세요.

Sauce on the side, please.
쏘스 언 더 싸이드, 플리즈.

❻ 야외에 앉을 수 있나요?

Can we sit outside?
캔 위 씻 아웃사이드?

식당 서비스
요청하기

부족하거나 필요한 것이 있을 때 서비스를 요청할 수 있지만, 격식을 갖춰야 할 레스토랑에서는 손을 들고 큰 소리로 부르기보다는 눈을 맞추고 조용히 얘기하는 것이 예의다.

◀ 여행 단어

포크	fork 폴크	물티슈	wet tissue 웻 티슈
칼(나이프)	knife 나이프	소스	sauce 쏘스
잔	glass 글래쓰	리필	refill 뤼필
접시	plate 플레잇	얼음	ice 아이쓰
휴지	napkin 냅킨	하나 더	one more 원 모얼

🎤 여행 회화

❶ 접시를 하나 더 주세요.
I want one more plate.
아이 원 원 모얼 플레잇.

❷ 다른 칼을 주세요.
I want another knife.
아이 원 어나덜 나이프.

❸ 휴지 주세요.
Get me napkins, please.
겟 미 냅킨즈, 플리즈.

❹ 냅킨이 없어요.
There's no napkin.
데얼즈 노 냅킨.

❺ 이거 리필이 되나요?
Can you refill this?
캔 유 뤼필 디스?

❻ 이거 포장해주세요.
I want this menu to go.
아이 원 디스 메뉴 투 고.

불만사항 말하기

주문한 음식이 너무 늦게 나오거나 주문한 음식과 다른 메뉴가 나왔을 때, 혹은 음식 맛이나 조리법에 문제가 있을 때도 아래 표현을 활용해 불만사항을 말할 수 있다.

◀» 여행 단어

메뉴	menu 메뉴	짠·싱거운	salty·bland 쏠티 · 블랜드
웨이터	waiter 웨이러	달콤한·매운	sweet·spicy 스윗 · 스파이씨
테이블	table 테이블	바꾸다	change 췌인쥐
~가 없다	there's no~ 데얼즈 노~	너무 익히다	overcook 오벌쿡
이상한	weird 위얼드	덜 익히다	undercook 언더쿡

🎤 여행 회화

❶ 테이블을 닦아주세요.
Clean the table, please.
클린 더 테이블, 플리즈.

❷ 메뉴가 잘못 나왔어요.
I got the wrong menu.
아이 갓 더 렁 메뉴.

❸ 제 메뉴가 아직 안 나왔어요.
My menu hasn't come out yet.
마이 메뉴 해즌 컴 아웃 옛.

❹ 이거 너무 익었어요.
This is overcooked.
디스 이즈 오벌쿡드.

❺ 이거 너무 짜요(매워요).
This is too salty(spicy).
디스 이즈 투 쏠티(스파이씨).

❻ 이거 맛이 이상해요.
This tastes weird.
디스 테이스트 위얼드.

음식값
계산하기

식사를 마치고 계산을 요청할 때 영미권 레스토랑에서는 보통 "Check, please. 쳌, 플리즈"라고 말한다. 이밖에 계산할 때 쓸 수 있는 간단한 표현들.

🔊 여행 단어

계산서	check 쳌	세금	tax 택스
영수증	receipt 뤼씻	잔돈	small change 스몰 췌인쥐
지불하다	pay 페이	주문 안 하다	not order 낫 오더
신용카드	credit card 크뤠딧 카드	포함하다	include 인클루드
현금	cash 캐쉬	각각의·따로 분리된	separate 세퍼뤠이트

🎤 여행 회화

❶ 계산할게요.

Check, please.
쳌, 플리즈.

❷ 신용카드 되나요?

Do you take credit cards?
두 유 테익 크뤠딧 카드?

❸ 계산서를 주시겠어요?

Can I have my check?
캐나이 햅 마이 쳌?

❹ 세금을 포함한 가격인가요?

Is tax included in this?
이즈 택스 인클루디드 인 디스?

❺ 계산서가 잘못 됐어요.

Something is wrong with my check.
썸띵 이즈 륑 윗 마이 쳌.

❻ 따로 계산해주세요.

Separate bills, please.
세퍼뤠이트 빌즈, 플리즈.

패스트푸드 주문하기

간단히 한 끼를 해결하기 좋은 패스트푸드점, 주문도 역시 심플하다. 하지만 단품인지 세트인지, 매장에서 먹을지 포장할지를 명확히 말해야 착오가 없다.

◀» 여행 단어

단품 · 세트	single meal·combo meal 싱글 미일 · 컴보 미일	여기	here 히얼
햄버거	burger 벌거얼	소스	sauce 쏘스
감자튀김 · 케첩	chips·ketchup 칩스 · 켓첩	빨대	straw 스트로우
포장	to go 투 고		
리필	refill 뤼필		

> **TIP**
> 점원이 'For here or to go? 포 히얼 올 투 고'
> 라고 물으면, 포장을 원하면 'to go 투 고', 매장에서
> 먹고 간다면 'For here 포 히얼'이라고 말하자.

🎙 여행 회화

❶ 5번 세트 주세요.
I'll have meal number five.
아윌 햅 미일 넘벌 파이브.

❷ 햄버거만 하나 주세요.
I'll just have a burger.
아윌 저스트 해버 벌거얼.

❸ 감자튀김만 얼마인가요?
How much for just chips?
하우 머취 포 저스트 칩스?

❹ 리필할 수 있나요?
Can I get a refill?
캐나이 게러 뤼필?

❺ 여기서 먹을 거예요.
It's for here.
잇츠 포 히얼.

❻ 햄버거만 포장해주세요.
A burger to go, please.
어 벌거얼 투 고, 플리즈.

커피 주문하기

우리나라에선 원하는 커피 메뉴 다음에 사이즈와 수량을 차례대로 말하는 반면, 영어로 주문할 때는 수량 다음에 커피 메뉴를 말하는 게 일반적이다. 주문 시 알아둘 것.

◀ 여행 단어

아메리카노	**americano** 아메뤼카노	휘핑크림	**whipped cream** 윕드 크림
카페라테	**latte** 라테이	보통 사이즈	**regular size** 뤠귤러 싸이즈
에스프레소	**expresso** 엑스프레쏘	큰 사이즈	**large size** 라알쥐 싸이즈
샷 추가	**one extra shot** 원 엑쓰트롸 샷	작은 사이즈	**small size** 스몰 싸이즈
시럽	**syrup** 씨럽	진한·연한	**strong·weak** 스트롱 · 윅

🎤 여행 회화

❶ 아이스 아메리카노 한 잔이요.
One iced americano, please.
원 아이쓰드 아메뤼카노, 플리즈.

❷ 샷 추가해주세요.
With an extra shot, please.
윗 언 엑쓰트롸 샷, 플리즈.

❸ 어떤 사이즈로 드릴까요?
Which size would you like?
위치 싸이즈 우쥬 라익?

❹ 얼음 많이 주세요.
A lot of ice, please.
어 랏 오브 아이쓰, 플리즈.

❺ 얼음 빼고 주세요.
No ice, please.
노 아이쓰, 플리즈.

❻ 시럽 조금만 넣어주세요.
A little bit of syrup, please.
어 리틀 빗 오브 씨럽, 플리즈.

6

관광할 때

관광지 정보 얻기

현장에서 얻은 생생한 정보는 여행을 역동적으로 만들어준다. 현지인에게 핫하고 정확한 정보를 캐내는 간단한 표현들.

여행 단어

추천	recommendation 뤠커멘데이션	할인	discount 디스카운트
유명한	famous 페이머스	지도	map 맵
안내소	information booth 인포메이션 부쓰	코스	route 룻트
팸플릿	brochure 브로슈얼	시간표	timetable 타임테이블
입장료	admission 애드미쎤	가까운	close 클로즈

여행 회화

❶ 추천할 만한 볼거리가 있나요? Do you have a recommendation on what to see?
두 유 해버 뤠커멘데이션 언 왓 투 씨?

❷ 추천하는 코스가 있나요? Could you recommend a route?
쿠쥬 뤠커멘더 룻트?

❸ 한국어 팸플릿 있어요? You got a brochure in Korean?
유 가러 브로슈얼 인 코뤼안?

❹ 여기가 지도상의 위치인가요? Is this the location on the map?
이즈 디스 더 로케이션 언 더 맵?

❺ 여기 어떻게 가요? How do I get here?
하우 두 아이 겟 히얼?

❻ 걸어서 얼마나 걸려요? How long does it take by walking?
하우 롱 더짓 테익 바이 워킹?

사진 촬영
부탁하기

셀카봉과 삼각대에만 의지하자니 인생샷 찍기엔 뭔가 부족한 느낌. 지나칠 수 없는 절경이라면 사진 촬영을 부탁하는 것도 좋겠다.

🔊 여행 단어

사진 찍다	take a picture 테이커 픽쳘	같이	together 투게덜
사진	picture 픽쳘	누르다	press 프레쓰
비디오	video 뷔디오	버튼	button 버른
진입 금지	No Entry 노 엔트뤼	가까운	close 클로즈
촬영 금지	No Pictures 노 픽쳘스	배경	background 빽그라운드

🎤 여행 회화

❶ 사진 한 장 찍어주실 수 있나요? **Could you take a picture?**
쿠쥬 테이커 픽쳘?

❷ 우리 같이 사진 찍어요. **Can we take a picture together?**
캔 위 테이커 픽쳘 투게덜?

❸ 이 버튼을 눌러주세요. **Press this button, please.**
프레쓰 디스 버른, 플리즈.

❹ 배경이 나오게 찍어주세요. **Take a picture with this background, please.**
테이커 픽쳘 윗 디쓰 빽그라운드, 플리즈.

❺ 사진 찍어도 되나요? **Can I take a picture?**
캐나이 테이커 픽쳘?

❻ 사진 찍으시면 안 됩니다. **Pictures are not allowed.**
픽쳘스 알 낫 얼라우드.

공연 표 구입하기

우리나라에서 보기 힘든 공연이 현지에서 열린다면 치열한 예매 경쟁도 감수할 만하다. 입장료가 얼마인지, 남은 좌석은 있는지 물어야 할 때 유용한 표현들.

◀» 여행 단어

공연	performance 펄포먼쓰	매진	sold out 쏠드 아웃
티켓	ticket 티켓	취소	cancel 캔쓸
유명한	famous 페이머스	뮤지컬 · 오페라	musical · opera 뮤지컬 · 오프라
좌석	seat 씻	스탠딩석	standing seat 스탠딩 씻
시간표	timetable 타임테이블	라인업	line-up 라인–업

🎤 여행 회화

❶ 가장 유명한 공연은 무엇인가요? **What's the most famous performance?**
왓츠 더 머스트 페이머스 펄포먼쓰?

❷ 입장료는 얼마인가요? **How much is the admission?**
하우 머취 이즈 디 애드미쎤?

❸ 공연 언제 시작해요? **When does the performance start?**
웬 더즈 더 펄포먼쓰 스딸?

❹ 다음 공연은 몇 시인가요? **What time is the next show?**
왓 타임 이즈 더 넥스트 쑈?

❺ 5시 공연 티켓 두 장 주세요. **Two tickets for the five o'clock show, please.**
투 티켓츠 포 더 파이버클락 쑈우, 플리즈.

❻ 스탠딩석으로 주세요. **I'd like a standing seat, please.**
아이드 라익 어 스탠딩 씻, 플리즈.

관광 명소 관람하기

여행지를 대표하는 명소는 저마다 다르지만, 자주 쓰는 표현은 크게 다르지 않다. 한국어 오디오 가이드가 있다면 관광 명소를 더욱 깊고 풍부하게 이해할 수 있는 기회!

🔊 여행 단어

주소	address 어드뤠쓰	설명	explanation 익쓰플레네이션
매표소	ticket office 티켓 오피스	개점 · 폐점	open · close 오픈 · 클로오즈
입구 · 출구	entrance · exit 엔트뤤쓰 · 엑씻	대여	rent 렌트
화장실	restroom 뤠스트룸	박물관	museum 뮤지엄
팸플랫	brochure 브로슈얼	미술관	art museum 아알트 뮤지엄

🎤 여행 회화

❶ 매표소는 어디인가요?
Where is the ticket office?
웨얼 이즈 더 티켓 오피스?

❷ 입구(출구)는 어디인가요?
Where is the entrance(exit)?
웨얼 이즈 디 엔트뤤쓰(엑씻)?

❸ 입장료는 얼마인가요?
How much is the admission?
하우 머춰 이즈 디 애드미쎤?

❹ 화장실은 어디에 있어요?
Where is the restroom?
웨얼 이즈 더 뤠스트룸?

❺ 팸플릿 하나 주세요.
Get me a brochure, please.
겟 미 어 브로슈얼, 플리즈.

❻ 한국어 설명도 있나요?
Do you have an explanation in Korean?
두 유 해번 익쓰플레네이션 인 코뤼안?

7

쇼핑할 때

제품 문의하기

착용 요청하기

가격 흥정하기

상품 계산하기

포장 요청하기

교환 · 환불하기

제품 문의하기

한국에서 보기 어려운 브랜드 제품은 여행자의 쇼핑 욕구를 높인다. 매장에 들어가 원하는 제품을 찾기 어렵거나, 제품을 고르는 데 점원의 도움이 필요하다면 다음과 같이 말해보자.

◀» 여행 단어

가격	price 프라이쓰	세금	tax 택스
유명한	famous 페이머스	남성용 · 여성용	for men·for women 포 맨 · 포 위맨
지역 특산품	local product 로컬 프뤄덕트	할인	discount 디스카운트
세일	sale 쎄일	선물	gift 기프트
사이즈	size 싸이즈	이것 · 저것	this·that 디스 · 댓

🎤 여행 회화

❶ 이 지역에서 가장 유명한 게 뭐예요?
What's the most famous local thing here?
왓츠 더 머스트 페이머스 로컬 띵 히얼?

❷ 이거 얼마인가요?
How much is it?
하우 머취 이짓?

❸ 이거 세일하나요?
Is this on sale?
이즈 디스 언 쎄일?

❹ 추천 상품이 있나요?
Any recommendations?
애니 뤠커멘데이션스?

❺ 선물로 뭐가 좋은가요?
What's good as a gift?
왓츠 굳 애저 기프트?

❻ 미디엄(M) 사이즈 있나요?
Do you have a medium size?
두 유 해버 미디엄 싸이즈?

착용
요청하기

치수 표기법이 다른 외국에서는 특히 입어보고 신어본 후에 구매하는 것이 최선이다. 한국에 돌아와 후회하지 않으려면 구매 전에 착용해볼 수 있는지 물어보자.

◀》 여행 단어

피팅룸	fitting room 퓌링 룸	큰	big 빅
입어보다	try on 트롸이 언	작은	small 스몰
사이즈	size 싸이즈	다른 색상	another color 어나덜 컬러
더 큰 것	bigger one 비걸 원	다른 것	another one 어나덜 원
더 작은 것	smaller one 스몰러 원	라지·미디엄·스몰	large·medium·small 라알쥐 · 미디엄 · 스몰

🎤 여행 회화

❶ 이거 입어 보고 싶어요.

I wanna try this on.
아이 워너 트롸이 디스 온(언).

❷ 어떤 사이즈를 입나요?

What size do you wear?
왓 싸이즈 두 유 웨얼?

❸ 피팅룸은 어디인가요?

Where is the fitting room?
웨얼 이즈 더 퓌링 룸?

❹ 너무 커요(작아요).

It's too big(small).
잇츠 투 빅(스몰).

❺ 다른 거 있어요?

You got another one?
유 갓 어나덜 원?

❻ 다른 색상 있어요?

You got another color?
유 갓 어나덜 컬러?

가격 흥정하기

대도시 쇼핑몰이나 백화점 등 정찰제로 상품을 판매하는 곳에서 무리하게 할인과 흥정을 요구하지는 말자. 단, 정감 있는 재래시장에서는 여행자의 애교가 통할 수도 있다.

◀» 여행 단어

가격	price 프라이쓰	신용카드	credit card 크뤠딧 카드
할인	discount 디스카운트	서비스	service 썰비쓰
쿠폰	coupon 쿠폰	비싸다	expensive 익스펜씹
세일	sale 쎄일	저렴하다	cheap 칩
현금	cash 캐쉬	손해	loss 러스

🎤 여행 회화

❶ 할인되나요?
Can I get a discount?
캐나이 게러 디스카운트?

❷ 현금으로 계산하면 할인해주나요?
Do you give a discount for cash?
두 유 기버 디스카운트 포 캐쉬?

❸ 너무 비싸요.
It's too expensive.
잇츠 투 익쓰펜씹.

❹ 좀 더 싸게 주세요.
Please give me a lower price.
플리즈 김미 어 로월 프라이쓰.

❺ 가진 돈이 이게 전부예요.
That's all the money.
댓츠 올 더 머니.

❻ 깎아 주시면 살게요.
If you lower your price, I'll buy it.
이퓨 로월 유얼 프라이쓰, 아월 바잇.

상품
계산하기

현금은 미리 환전해서 준비하고, 신용카드는 해외에서 사용 가능한지 미리 확인해두자. 아래 단어와 문장을 활용하면 영수증을 요구하거나 나눠서 계산하는 일도 문제없다.

🔊 여행 단어

계산하다	pay 페이	세금 환급	tax refund 택스 뤼펀드
현금	cash 캐쉬	할부	monthly installment plan 먼쓸리 인스토올먼트 플랜
신용카드	credit card 크뤠딧 카드	일시불	a one-off payment 어 원 어프 페이먼트
영수증	receipt 뤼씻	달러($)·원(₩)	dollar·won 달러·원
면세	duty-free 듀리-프리	비닐 봉투	plastic bag 플래스틱 백

🎤 여행 회화

❶ 계산할게요.

Check, please.
췍, 플리즈.

❷ 신용카드 되나요?

Do you take credit cards?
두 유 테익 크뤠딧 카드?

❸ 세금이 포함된 가격인가요?

Is tax included in this?
이즈 택스 인클루디드 인 디스?

❹ 영수증 주세요.

I want the receipt.
아이 원 더 뤼씻.

❺ 나눠서 계산할게요.

I'll split the bill.
아윌 스플릿 더 빌.

❻ 세금 환급 서류를 받을 수 있을까요?

Can I get a tax refund document?
캐나이 게러 택스 뤼펀드 다큐먼트?

포장
요청하기

보기 좋은 떡이 먹기도 좋다. 같은 선물이라도 봉투에 담긴 것과 예쁜 포장지로 말끔히 포장된 건 하늘과 땅 차이. 추가 요금이 발생하더라도 성의를 표하고 싶다면 선물 포장을 주문해보자.

◀» 여행 단어

선물 포장	gift wrap 기프트 뢥	쇼핑백	shopping bag 샤핑 백
깨지기 쉬운	fragile 프레질	비닐봉지	plastic bag 플래스틱 백
조심스러운	cautious 커셔스	같이	together 투게덜
포장 코너	packing section 패킹 섹션	따로	separately 세퍼럿리
포장지	wrapper 뢥퍼	뽁뽁이	bubble wrap 버블 뢥

🎤 여행 회화

❶ 선물 포장해주세요.
Get this one wrapped up as a gift.
겟 디스 원 뢥덥 애저 기프트.

❷ 포장비가 따로 있나요?
Do I need to pay an extra charge?
두 아이 니투 페이 언 엑쓰트라 촤쥐?

❸ 이거 하나만 포장해주세요.
Only this one goes as a gift.
온리 디스 원 고즈 애저 기프트.

❹ 잘 포장해주세요.
Please wrap it well.
플리즈 뢥 잇 웰.

❺ 쇼핑백에 담아주세요.
Please put it in a shopping bag.
플리즈 풋 잇 인 어 샤핑 백.

❻ 각각 따로 포장해주세요.
Please wrap them separately.
플리즈 뢥 댐 세퍼럿리.

교환 · 환불 하기

물품을 잘못 구매했거나 물품에 하자가 있는 경우 교환 · 환불을 요청할 수 있다. 단, 계산했던 신용카드와 영수증 지참 등 교환 · 환불 규정에 따른 요건을 갖춘 후에 정중히 요청하자.

◀》 여행 단어

교환	exchange 익스췌인쥐	다른 것	another one 어나덜 원
환불	refund 뤼펀드	새 것	new one 뉴 원
이미	already 얼뤠디	영수증	receipt 뤼씻
지불하다	pay 페이	환불 규정	refund rules 뤼펀 룰즈
사용하다	use 유즈	작동하지 않다	not work 낫 월크

🎤 여행 회화

❶ 교환하고 싶어요.
I wanna exchange this.
아이 워너 익스췌인쥐 디스.

❷ 새 걸로 주세요.
I want a new one.
아이 원 어 뉴 원.

❸ 이거 환불하고 싶어요.
I wanna refund this.
아이 워너 뤼펀 디스.

❹ 환불하려는 이유가 무엇인가요?
What's the reason for the refund?
왓츠 더 뤼즌 포 더 뤼펀?

❺ 저는 사용하지 않았어요.
I didn't use it.
아이 디든 유즈 잇.

❻ 현금으로(신용카드로) 계산했어요.
I paid in cash(by credit card).
아이 페이딘 캐쉬(바이 크뤠딧 카드).

8

위급상황

분실 · 도난 신고하기

부상 · 아플 때

분실·도난 신고하기

만약 중요한 물품을 잃어버렸다면 반드시 도난·분실 신고를 할 것. 여행자 보험 시 보상받는 필수 조건이 신고서 작성임을 명심하자. 여권 사본을 준비하는 것도 만약을 대비하는 좋은 방법이다.

◀» 여행 단어

경찰서	police station 폴리쓰 스테이션	휴대폰	phone 포온
분실물 센터	lost and found 러스트 앤 퐈운	가방	baggage 배기쥐
도난	robbery 뤄버리	여권	passport 패스폴트
귀중품	valuables 밸류어블즈	대사관	embassy 엠버씨
지갑	wallet 월럿	신고서	report 뤼폴트

🎤 여행 회화

❶ 가장 가까운 경찰서가 어디인가요?

Where is the nearest police station?
웨얼 이즈 더 니어뤼스트 폴리쓰 스테이션?

❷ 제 짐을 도둑맞았어요.

My bag has been stolen.
마이 백 해즈 빈 스톨른.

❸ 여권을 잃어버렸어요.

I lost my passport.
아이 러스트 마이 패스폴트.

❹ 대사관에 전화해주세요.

Please call the embassy.
플리즈 콜 디 엠버씨.

❺ 분실물 센터는 어디인가요?

Where is the lost and found?
웨얼 이즈 더 러스트 앤 퐈운?

❻ 도난 신고를 하고 싶어요.

I want to report a robbery.
아이 원 투 뤼폴트 어 뤄버리.

부상·
아플 때

고대하던 여행도 몸이 아프면 즐거울 리 없다. 견디기 힘든 통증이 있다면 약국이나 병원을 찾아
증상을 설명하고 적절한 처방을 받는 것이 좋다.

◀» 여행 단어

약국	pharmacy 퐐마씨	응급차	ambulance 엠뷸런쓰
아픈	sick 씩	멀미약	nausea medicine 너지아 매디쓴
감기	cold 콜드	감기약	cold medicine 콜드 매디쓴
두통·복통	headache·stomachache 헤데익·스타먹에익	진통제	painkiller 페인킬러
생리통	menstrual pain 맨스트럴 페인	소화제	digestive medicine 다이제스티브 매디쓴

🎤 여행 회화

❶ 가까운 병원은 어디에 있나요?

Where is the nearest hospital?
웨얼 이즈 더 니어뤼스트 하스피럴

❷ 저 아파요(어지러워요).

I feel sick(dizzy).
아이 쀨 씩(디지).

❸ 감기에 걸린 것 같아요.

I think I have a cold.
아이 띵크 아이 해버 콜드.

❹ 두통약을 주세요.

Get me some aspirin.
겟 미 썸 애스피륀.

❺ 응급차를 불러주세요.

Call an ambulance.
콜 언 앰뷸런쓰.

❻ 어제 아침부터 아팠어요.

I've been sick since yesterday morning.
아이브 빈 씩 씬스 예스털데이 모닝.

다낭 100배 즐기기

초판 1쇄 2019년 1월 28일
초판 4쇄 2019년 10월 18일

지은이 안혜연

발행인 양원석
본부장 김순미
편집장 고현진
책임편집 최혜진, 김영훈
디자인 RHK 디자인팀 강소정, 이재원, 이경민
지도 글터
일러스트 지도 안다연
해외저작권 최푸름
제작 문태일, 안성현
영업마케팅 최창규, 김용환, 윤우성, 양정길, 이은혜, 신우섭
　　　　　　 김유정, 유가형, 임도진, 정문희, 신예은, 유수정

펴낸 곳 (주)알에이치코리아
주소 서울시 금천구 가산디지털2로 53 한라시그마밸리 20층
편집 문의 02-6443-8892 **구입 문의** 02-6443-8838
홈페이지 http://rhk.co.kr
등록 2004년 1월 15일 제 2-3726호

ⓒ 안혜연 2019

ISBN 978-89-255-6560-6(13980)